JN309383

L O + S T

ロスト ドイツ機敗戦写真集

Snapshots of the wrecked /captured Luftwaffe aircraft taken by G.I.s from 1944 to the defeat of Germany

野呂秀樹・著　Hideki Noro

大日本絵画

Acknowledgments

First of all, my sincere thanks and appreciation must go to Koichiro Abe, who provided his remarkable knowledge and superior insights on this research field. Without his various input, this book would have never been accomplished. I would like to express my thanks to my friends, Tomáš Poruba, Tsuguo Sakuma and Genshiryoku Nakano for their support and fast friendship. My thanks also go to Masato Tanaka for his dedicated editing work on this book. Finally, I would express my appreciation to Masahiro Ishizuka, who led me step into this attractive world of research and

Hideki Noro   May 2009

目次
CONTENTS

プロローグ 5
Prologue

ドイツ北部　*Northern Germany* 13
ドイツ中部　*Central Germany* 65
ドイツ南部　*Southern Germany* 87
周辺諸国　*Neighboring nations* (Italy, Denmark, France, Austria) 137
撮影地不詳　*Location unknown* 151

[解説] 180
大戦末期のフォッケウルフFw190と
メッサーシュミットBf109
阿部孝一郎

ドイツ撮影地図 4
Location Map

ドイツ撮影地図 *Location Map*

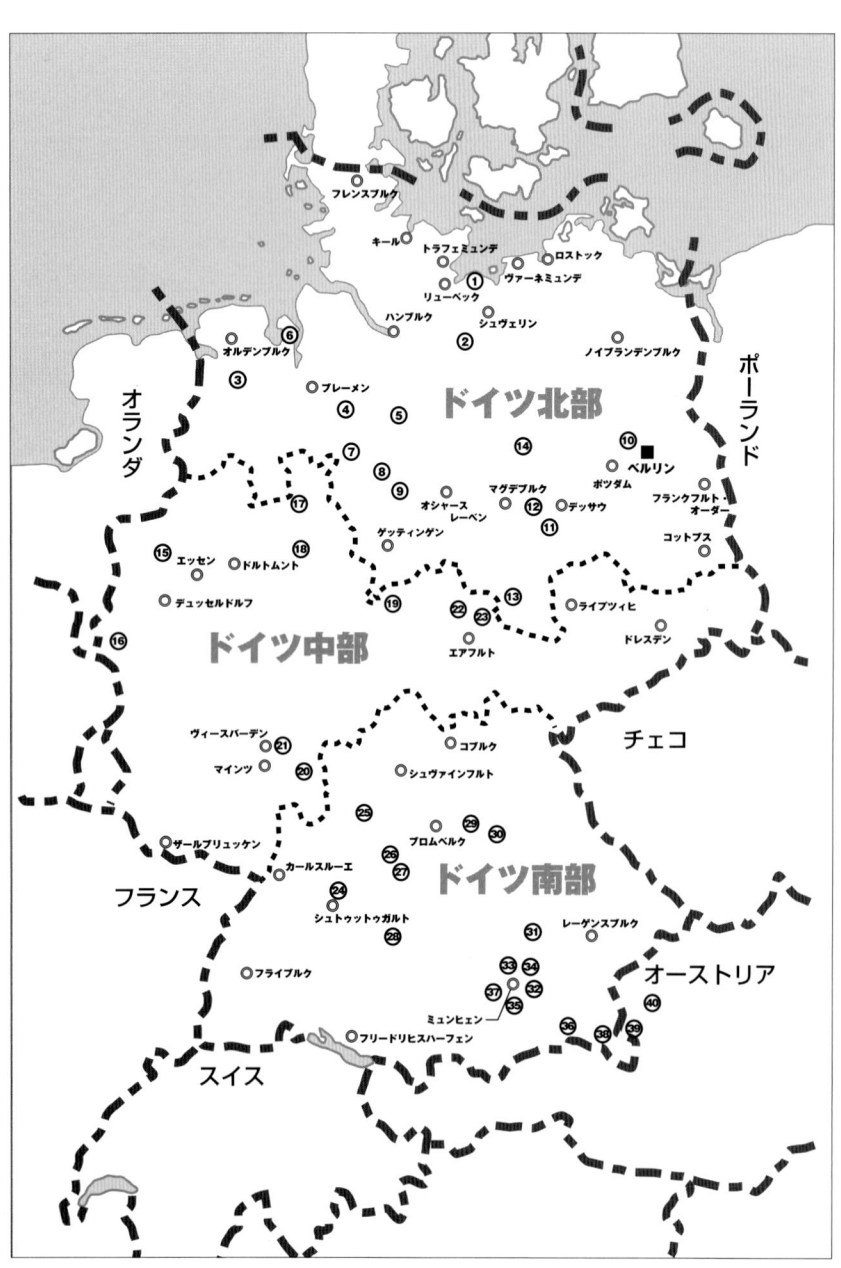

1. ターネヴィッツ（Tarnewitz）
2. ハーゲノウ（Hagenow）
3. ファレルブッシュ（Varrelbusch）
4. フーシュテット（Hustedt）
5. ファスベルク（Faßberg）
6. ノルデンハム（Nordenham）
7. ヴンストルフ（Wunstorf）
8. ハノーファー（Hannover）
9. ブラウンシュヴァイク（Braunschweig）
10. ベルリン＝ガトウ（Berlin-Gatow）
11. ケーテン（Köthen）
12. ベルンブルク（Bernburg）
13. ハーレ（Halle）
14. シュテンダル（Stendal）
15. ヴェーゼル（Wesel）
16. アーヘン（Aachen）
17. ライネ（Rheine）
18. リプシュタット（Lippstadt）
19. エシュヴェーゲ（Eschwege）
20. ダルムシュタット（Darmstadt）
21. フランクフルト ライン＝マイン（Rhein-Mein, Frankfurt）
22. ランゲンザルツァ（Langensalza）
23. エアフルト＝ノルト（Erfurt-Nord）
24. ノルトハイム（Nordheim）
25. ヴェルトハイム（Wertheim）
26. ヴュルツブルク（Würzburg）
27. キッツィンゲン（Kitzingen）
28. ネリンゲン（Nellingen）
29. フュルト（Fürth）
30. ニュルンベルク（Nürnberg）
31. シュトラウビング（Straubing）
32. ミュンヒェン＝リーム（München-Riem）
33. ミュンヒェン＝シュライスハイム（München-Schleißheim）
34. ツェルハウゼン（Zellhausen）
35. ノイビベルク（Neubiberg）
36. バート・アイブリング（Bad Aibling）
37. バート・ヴェリスホーフェン（Bad Wörishofen）
38. アインリング（Ainring）
39. ザルツブルク（Salzburg）
40. ヴェルス（Wels）

＊ドイツ再統一後の国境を示す。

L O + S T

破壊されたメッサーシュミット社レーゲンスブルク（Regensburg）工場製のBf 109 G-14/AS「黒10＋」。その後方には、全面をRLM76で塗装された空冷型Fw 190（形式不明）が放置されている。写真の余白と裏面に記されたメモ書き——"The Airport (Germany) May 1945"／"May 9 1945"——が、ドイツ第三帝国の無条件降伏直後に撮影されたカットであることを示している。

Messerschmitt Bf109 G-14/AS, 'Black 10+', 1945

FuG218J "Neptun" レーダーを装備し全面をRLM76で塗装された、夜間戦闘機仕様のBf 109 G-6/AS。
NJG 11（第11夜間戦闘航空団）所属機と推定される。格納庫内というシビアな撮影条件の下、
希少な機体を見事に捉えた写真である。レーダーアンテナ、排気管の消炎カバー、大型化されたオイルクーラーカバー、
主脚、コックピット周辺などのディティールを余すところなく確認できる．
後方に見える通常塗装の機体は Bf 109 K-4。
Bf 109 G-6/AS, NJG 11(?), and Bf109 K-4

プロローグ　7

フォッケウルフ Fw 190 A-9　製造番号 980542（?）「<1－＋－」
Focke-Wulf Fw 190 A-9, W.Nr. 980542(?), '<1 － ＋ －'

Fw 190 D-9　製造番号 600150　「<1－＋－」
フランクフルト　ライン＝マイン　1945年
*Fw 190 D-9, W.Nr. 600150, '<1 － ＋ －',
Rhein-Main airfield, Frankfurt 1945*

最初の写真が公表されて以来、JG 4（第4戦闘航空団）の指揮官機だと信じられてきたFw 190 D-9の正体が判明したのは、本書刊行からわずか4年前の2005年のことだった。製造番号600150、機体番号「<1－＋－」、そして機首左側に部隊章が記入されていたという事実は、世界中のドーラファンを驚かせた。その後、別カットの写真やカラー動画が立て続けに発掘され、今やこの機体についてはほぼ全ての情報が出揃ったことになる。製造番号600150のD-9（左の写真）は、1945年3月末にフランクフルト近郊のライン＝マイン飛行場でアメリカ軍に鹵獲されたが、おそらくはその代替機として Geschwaderstab（航空団本部小隊）に配備されたのが、このページ上のFw 190 A-9「<1－＋－」、白縁付き黒／白／黒の本土防空識別帯、製造番号980542（推定）なのだろう。エンジン交換作業中にアメリカ軍の手に落ちたことから機首の状況については推測するしかないが、エンジンカウリング左側にはD-9と同様にJG 4の部隊章があしらわれていたはずであり、プロペラは木製の9-12176A型だった可能性がある。また、グレー系と思われる迷彩塗装は主翼下面にも施されており、航空団幹部には丁寧に作られた良質な機体が回されたことが伺える。

Fw190 A-9 製造番号 980542（?）「<1 －＋－」
写真中央に左ページ上の写真と同じ Fw190 が確認できる。
Fw 190 A-9, W.Nr. 980542(?), '<1 － ＋ －'

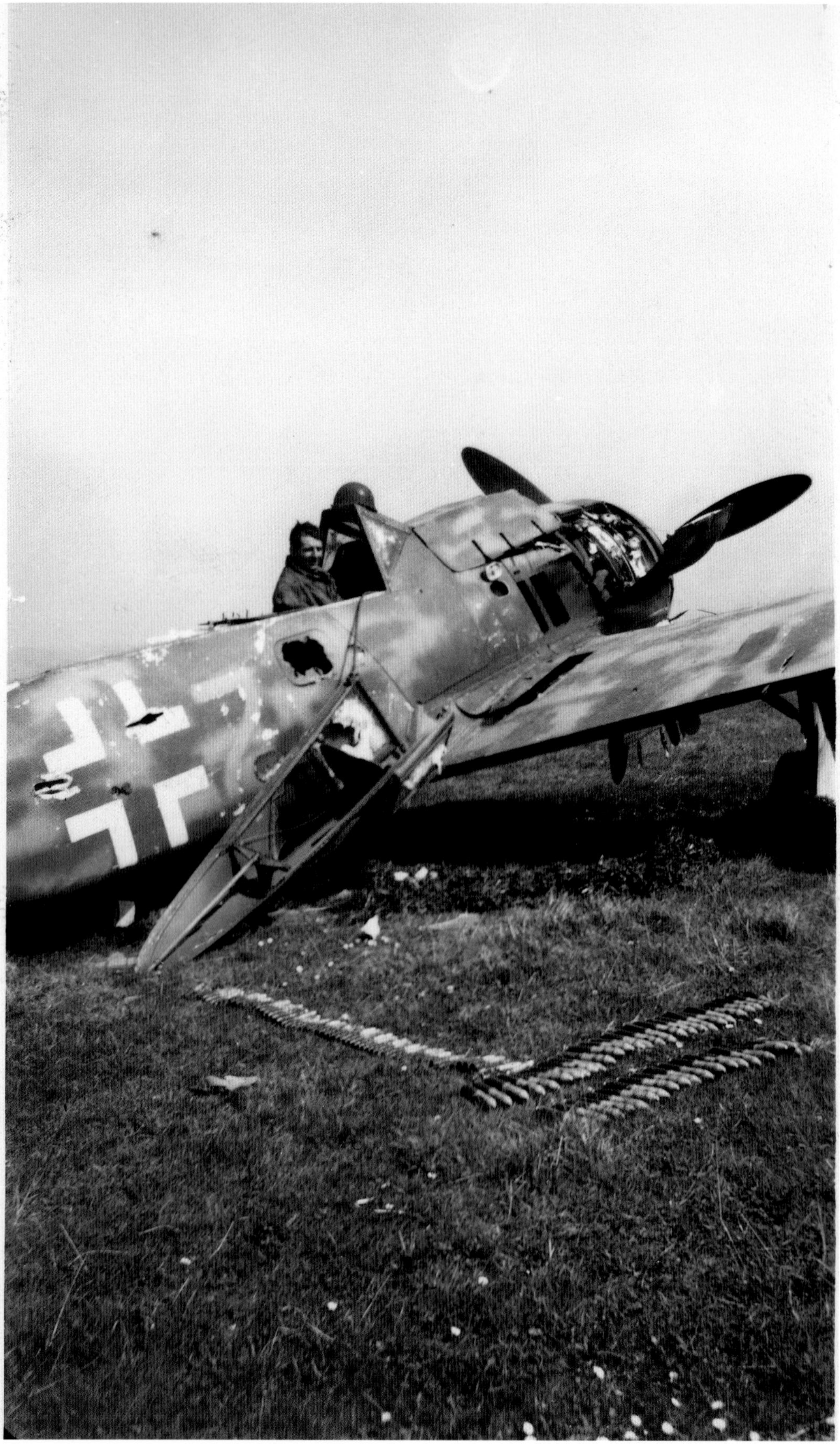

戦闘で被弾し、胴体着陸した JG 4 所属の Fw 190。強化されたウインドスクリーン、コックピット横に追加された防弾板により、対重爆撃機用に製造された A-8/R2 であることが分かる。JG 4 の損失リストによると、この機体は 1944 年 12 月 23 日に失われた 8.(Sturm)/JG 4（第 4 戦闘航空団第 8（突撃）中隊）の Eduard Schmidt（エードゥアルト・シュミット）中尉の「青 10 ＋」、フィーゼラー（Fieseler）社製の製造番号 682732 である可能性が高い（迷彩塗装のパターンも同社製造による他の Fw 190 と一致する）。
Fw 190 A-8/R2, 8.(Sturm)/JG 4(?)

アメリカ軍に鹵獲された、所属不明の Fw 190 A-8/R2、「黄 7 ＋」。強化されたウインドスクリーン、コックピット横の防弾板に加え、地面に置かれた 30mm 機関砲の弾帯から、外翼武装の MK108 機関砲は装備されていることが分かる。さらに、外されたキャノピーの側面に追加された防弾ガラスから、この機体が「フルスペック」の A-8/R2 であることが確認できる。独特の迷彩塗装が目を引くが、II./JG 300 所属の Fw 190 A に類似した迷彩の機体が見られることから、この機体は同飛行隊の所属である可能性がある。
Fw 190 A-8/R2, 'Yellow 7 +'

戦局挽回のための新兵器として、戦争末期に開発・運用されたR4M空対空ロケット弾は、メッサーシュミットMe 262ジェット戦闘機のみならず、レシプロ戦闘機にも導入されていた。残念ながら詳細不明であるこのFw 190 D-9の主翼下面には、片翼あたり13発のR4Mロケット弾が搭載されている。この機体以外では、Verbandsführerschule des General der Jagdflieger（戦闘機隊総監直属部隊指揮官訓練学校）所属のFw 190 D-11「白く57＋」（本書132〜136ページ掲載の「白く57＋」製造番号220011とは別機）でR4M搭載が確認されている。また、研究者レベルでは、さらに数機のR4Mを搭載したD-9が確認されているとのことであり、近い将来その姿を目にすることが期待される。
R4M Air to Air Rockets fitted Fw 190 D-9

ドイツ北部
Northern Germany

1. Fw 190 「黒13十A-5」 1946年　ファスベルク
外翼下面に増槽タンク用のアダプターが見え、他に例を見ない特異なマーキング
「13十A-5」が目を引く。写真の裏面には1946年3月撮影と記されている。
Focke-Wulf Fw 190, 'Black 13 + A-5', Fassberg March 1946

2. ハインケル He 111、識別記号「SG＋FY」の残骸　ハーゲノウ
　　胴体上部に回転式銃座を搭載した後期型 He111 の右奥には Fw 190 が
　　確認できる。　右端の機体は、胴体に黄帯を記入した 8./JG 11 所属の
　　「白 13 ＋－」、その左は所属不明の「黒 9 ＋」。
　　Heinkel He111 and Fw 190s, Hagenow

ドイツ北部 15

HAGENOW —

SCOLLIE

GERMANY — 1945

HAGENOW —

GERMANY — 1945

5. 所属不明の Fw 190 「黒 28」 ハーゲノウ
   後方にドイツ兵捕虜の隊列が見える。
   Fw 190, 'Black 28', Hagenow

3-4. 所属不明の Bf 109 G-14/AS 「青 19」 ハーゲノウ
   Bf 109 G-14/AS, 'Blue 19', Hagenow

6.

7.

8. Fw 190 V65 の機首
Ta 152 用のエンジン支持架を使用し
たため外側に張り出した機首の形状、
カウリング上部からエンジンにかけて
の断面形の変化が確認できる。
Fw 190 V65 viewed from the cockpit

9. Fw 190 V65 のコックピット
従来、この機体はトラフェミュンデ（Travemünde）で
鹵獲されたと言われていたが、一連の写真には「...at
the airport on the Baltic north of Klutz...
（クレツ《Klütz が正しい表記》の北、バルト海沿岸の
飛行場にて）」と記され、また V65 はターネヴィッツで
武装テストが行われていたという記録が残されている
ことから、写真の撮影地をターネヴィッツと判断した。
Fw 190 V65's windshield viewed from the front

6. バルト海に面したターネヴィッツ飛行場に残されたドイツ機群
胴体国籍標識直後に黄帯を記した Bf 109 K-4、空冷型 Fw 190
の後方に、Fw 190 V65、識別記号「CS + IA」の機首が顔をの
ぞかせている。
View of the Tarnewitz airfield

7. Fw 190 V65　識別記号「CS + IA」
垂直尾翼の「白59」は左右両面に記入されている。
Fw 190 V65, 'CS + IA', Tarnewitz

10.

11.

12.

13.

10-11. IV./JG 26 所属の Fw 190 D-9　ファレルブッシュ
製造番号 600654 の残骸の前で写真に納まるポーランド軍兵士。1945年4月5日に IV./JG 26 が放棄したファレルブッシュ飛行場には、10機の Fw 190 D-9 が「完全に破壊された」状態で残されていた。
Fw 190 D-9, W.Nr. 600654, IV./JG 26, Varrelbusch

12. IV./JG 26 所属の Fw 190 D-9　製造番号 2102?9　ファレルブッシュ
これ以降の写真は、イギリス軍兵士により撮影されたもの。
Fw 190 D-9, W.Nr. 2102?9, IV./JG 26, Varrelbusch

13. 詳細不明の D-9　ファレルブッシュ
翼下面の国籍標識は、黒十字のみのシンプルなタイプ。
Unidentified Fw190 D-9, Varrelbusch

14-15. IV./JG 26 所属の Fw 190 D-9、製造番号 210980 と詳細不明の D-9 の残骸　ファレルブッシュ
2機分の尾部の残骸が写っている。製造番号 210980 の尾部には、IV. Gruppe（第Ⅳ飛行隊）所属を示す「〜」マークが記入されていない。
Wrecks of the Fw 190 D-9s, IV./JG 26, Varrelbusch

14.

15.

ドイツ北部 21

16.

16-17. ミメタル（Mimetall）社製の Fw 190 A-9 「白7＋〜」 製造番号 750114　フーシュテット
青色の本土防空識別帯から 13./JG 54 所属機であることが分かる。カウンター・ウェイトの付いた 9-12153B 型プロペラの
ディティールが、写真 16 で確認できる。
Fw 190 A-9, W.Nr. 750114, 'White 7 + ~', Hustedt

17.

ドイツ北部　23

18. JG 26 所属の Fw 190 D-9 フーシュテット
完全に破壊されているが、胴体の白／黒帯がかろうじて確認できる。
Fw 190 D-9, JG 26, Hustedt

19. 1./JG 26 所属の Fw 190 D-9「白 13 ＋」製造番号 210982　フーシュテット
Fw 190 D-9, W.Nr. 210982, 'White 13 + ', 1./JG 26, Hustedt

20. **Fw 190 D-9　製造番号 500670　フーシュテット**
JG 26 に配備された直後に可動不能となり、部隊マーキングを施される間もなく放棄された機体と思われる。スピナのスパイラルも未記入。
Fw 190 D-9, W.Nr. 500670, 1./JG 26, Hustedt

21-23. **7./JG 26 所属の Fw 190 D-9「茶 4 ＋ －」製造番号 500647　フーシュテット**
Ta 152 用の尾翼を持つ D-9。現在、この機体と製造番号 500645 の 2 機だけが写真で確認されている。写真 21 は従来まで不明であった胴体機番のスタイルが確認できる貴重なカット。
Fw 190 D-9, W.Nr. 500647, 'Brown 4 + -', 7./JG 26, Hustedt

21.

22.   23.

ドイツ北部　27

24. JG 26 所属の Fw 190 D-9　フーシュテット
　　胴体の白／黒帯が確認できる。フィーゼラー社製の機体。
　　Fw 190 D-9, JG 26, Hustedt

25. 1./JG 26 所属の Fw 190 D-9 「白1＋」　製造番号 601033　フーシュテット
　　Fw 190 D-9, W.Nr. 601033, 'White 1 +', 1./JG 26, Hustedt

26. Stab./JG 26 所属の Fw 190 D-9「？－＋－」製造番号 211029 フーシュテット
画面左下隅、国籍標識の左に Geschwaderstab 所属を示す横棒が確認できる。
この機体については、連合軍の資料で確認することができなかった。
Fw 190 D-9, W.Nr. 211029, '? - + - ', Stab./JG 26, Hustedt

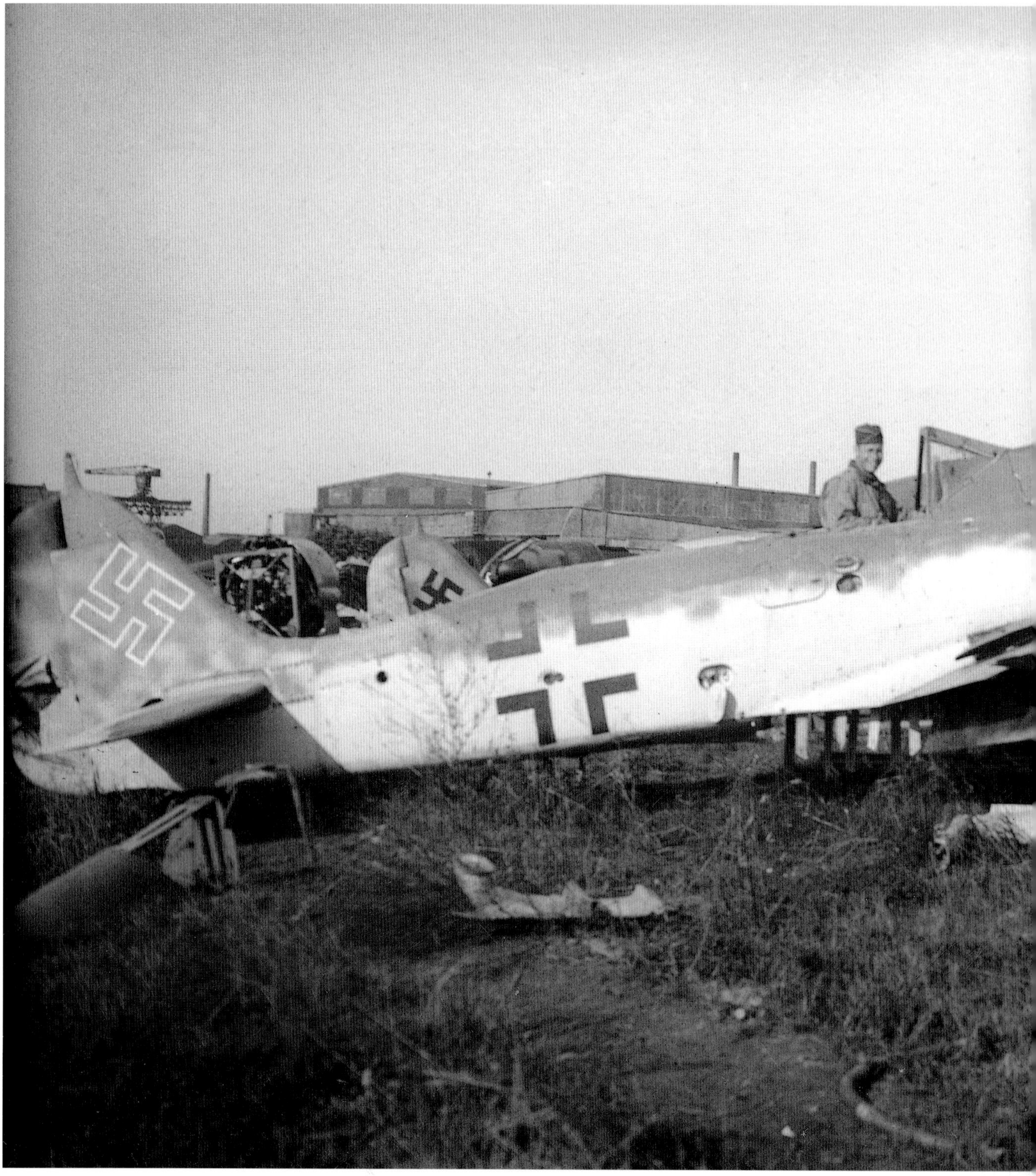

27. 未完成状態の Fw 190 F-8 または F-9　ノルデンハム
簡略化された迷彩塗装とマーキング、未塗装の脚カバーなど、大判ネガが最末期の生産機の特徴を示している。この写真の裏面には「Nordenham（ノルデンハム）」と記されているが、現時点ではヴェーザー（Weser）社ノルデンハム工場で空冷型 Fw 190 が生産されたことを示す資料は知られていない。
Incomplete Fw 190 F-8 or F-9, Nordenham

28.
29.
30.
31.
32.

28-32. ヴンストルフ飛行場に投降したビュッカー Bü 131 練習機　識別記号「CB ＋ NE」
ドイツ軍パイロットがユングマン練習機で連合軍飛行場に飛来、投降した様子を捉えた一連の写真。ドイツ敗戦の前後には、進攻するソ連軍から逃れて米軍の支配地域を目指して飛び、投降するパイロットが多くいた。戦争を生き延びた２人のパイロットを、興味津々のギャラリーが取り囲んでいる。
The escape was successful— two Luftwaffe pilots and Bü 131 trainer, Wunstorf

33. 1./JG 300 所属の Bf 109 G-10 「白 13 +」 製造番号 151567　ヴンストルフ
エルラ（Erla）社製の機体で、連合軍の資料には「胴体後部に青／白／青の帯」「（エンジンは）DB605　No.1170073」との記述がある。後方の機体はユンカース Ju 88 G-1、製造番号 714114。
Bf 109 G-10, W.Nr. 151567 'White 13 +', 1./JG 300
Junkers Ju 88 G-1, W.Nr.714114, Wunstorf

34. 所属不明の Fw 190 F-8、製造番号 932569　ヴンストルフ
消炎排気管が確認できることから、夜間作戦に従事していた機体と思われる。
Fw 190 F-8, W.Nr. 932569, Wunstorf

35. ベルリン＝ガトウ飛行場の残骸
　　遠景に Fw 190 D-9「黒＜4＋」（写真38-39）と Fw 190 A-8「白 4 ＋」（写真36-37）が見える。
　　Fw 190 D-9, 'Black <4 +' and Fw 190 A-8, 'White 4 +' in the Wrecks, Berlin-Gatow

36-37. 所属不明の Fw 190 A-8「白 4 ＋」
　　製造番号 732751　ベルリン＝ガトウ
　　機首先端の防弾リング下部に、エンジンユニットの製造番号 338682 が記入されている。
　　Fw 190 A-8, 'White 4 +', Berlin-Gatow

36.

37.

ドイツ北部　35

38.

39.

38-39. 所属不明の Fw 190 D-9「黒＜4 ＋」 製造番号 500632　ベルリン＝ガトウ
写真 39 では内側にリブが見えないことから、フラップは木製であることが分かる。木製フラップを装備したことが確認できる D-9 の写真は、現在まではとんど見つかっていない。
Fw 190 D-9, 'Black < 4 +', Berlin-Gatow

40. 所属不明の Ju 88 G-6　製造番号 623215　ケーテン
垂直尾翼側面には、後方警戒レーダー FuG220D の
アンテナが装備されている。
Ju 88 G-6, W.Nr. 623215, Köthen

41-42. 所属不明の Fw 190 A-3 または A-4「赤 3 DH ＋ BG」ケーテン
終戦まで生き残り、可動状態でアメリカ軍の手に落ちた初期型
の Fw 190。胴体後部には黄帯が記入されている。写真の裏面に
は「We were driving this plane all over the field（この飛行機
で飛行場中を走り回った）」と書かれている。
Fw 190 A-3 or A-4, 'Red 3 DH+BG', Köthen

41.

42.

ドイツ北部 39

43.

43-45. 詳細不明のユンカース W 34　ケーテン
W 34 は 1920 年代に設計された機体で、3,000 機以上が生産されて輸送任務や大型機パイロット養成などに終戦まで使用された。写真から独特な波形機体外板、コックピット周辺のディティールなどがよく分かる。
Unidentified Junkers W 34, Köthen

44.

45.

ドイツ北部 41

46. 詳細不明の Bf 109 G　ケーテン
　　真後ろから撮影されたことで、主翼上面の迷彩パターンが確認できる。
　　Unidentified Bf 109 G, Köthen

47. 詳細不明の Fw 190 D-9　ケーテン
    迷彩塗装のパターンから、フィーゼラー社製の機体であると判断できる。
    Unidentified Fw 190 D-9, Köthen

NAZI AIRPORT AT CAMP WHERE WE ARE STATIONED

HALLE GERMANY

48. 所属不明の Fw 190 F-9　製造番号 44035?　ハーレ
翼下面の爆弾ラックは取り外されている。
Fw 190 F-9, W.Nr. 44035?, Halle

49. 12./JG 6 所属の Fw 190 D-9 「青 9 +−」 製造番号 211063 ハーレ
これまでにも写真が発表されている有名な D-9 の 1 機。この機体を背にポーズをとっている人物は銀星章（Silver Star）の受章者である。
Fw 190 D-9, W.Nr. 211063, 'Blue 9 + −', Halle

50.

50. Fw 190 D-9、製造番号 211063 を正面から見る。
    Fw 190 D-9, W.Nr. 211063, 'Blue 9 + –'

51. Fw 190 D-9、製造番号 211063 を右前方から見る。
    Fw 190 D-9, W.Nr. 211063, 'Blue 9 + –'

51.

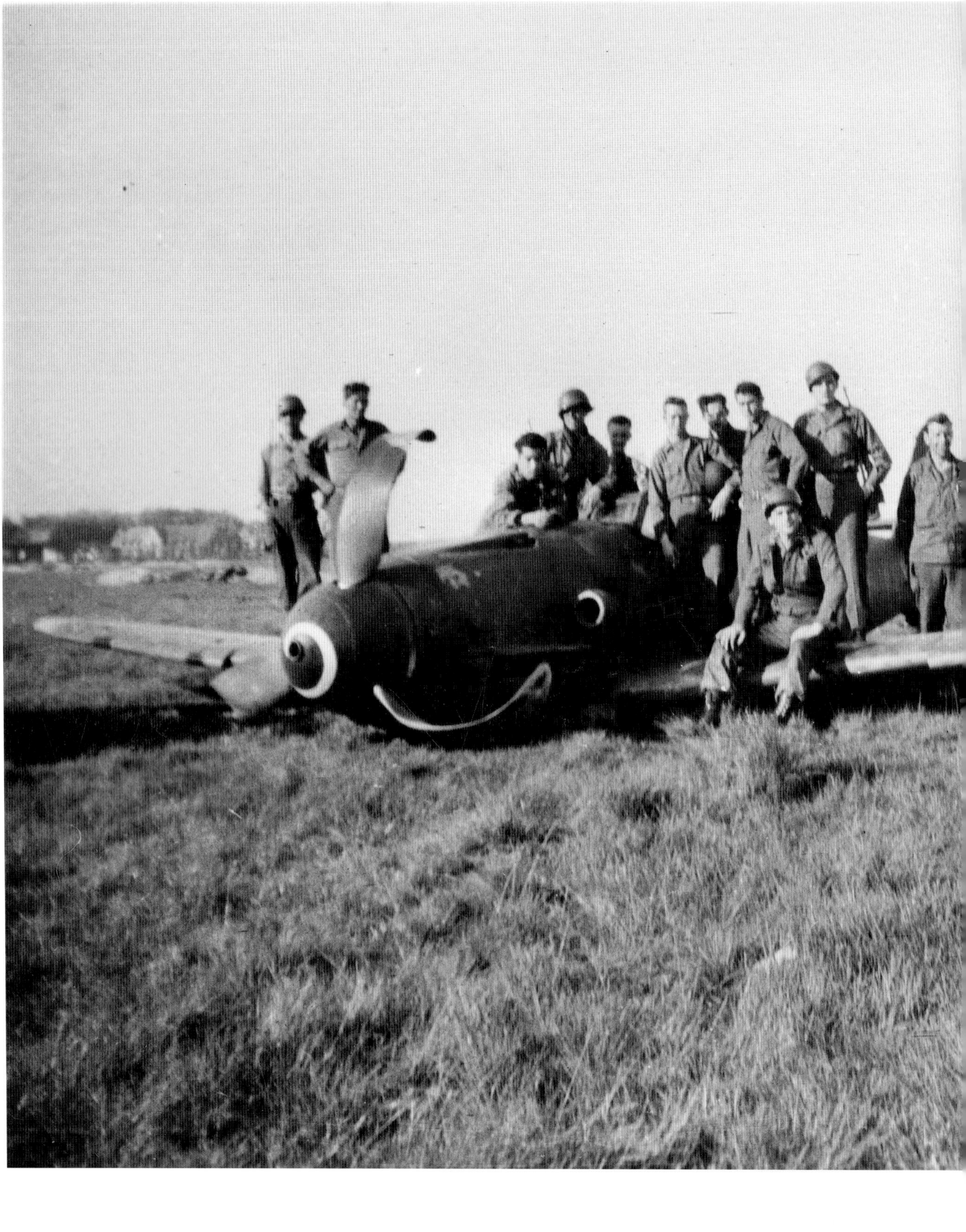

52. 所属不明の Bf 109 G　ハノーファー
胴体着陸したこの機体のパイロット
は無傷だったという。
Unidentified bf 190 G, Hannover

ドイツ北部　49

53.

53-54. 所属不明の Fw 190 A-8 「白 59 ＋」 ブラウンシュヴァイク
プロペラは、カウンター・ウェイト付きの 9-12153B 型。
Fw 190 A-8, 'White 59 +', Braunschweig

54.

55. Mistel 2S　ベルンブルク
　　Mistel（ミステル＝ドイツ語でヤドリギ）はパイロットが搭乗する航空機を無人爆撃機に取り付けて目標に向かい、切り離した爆撃機で攻撃する通称「親子機（Vater unt Sohn）」である。Ju 88 G-6 と Fw 190 A-8 を組み合わせた奇妙かつ巨大な機体は、連合軍兵士にとって格好の被写体だったことだろう。
Mistel 2S, Bernburg

ドイツ北部 53

56.

57.

58.

59.

54 LO+ST

60. Mistel 2S の傍らに放置された Fw 190 A-8　ベルンブルク
武装が撤去されていることから、この機体も Mistel の「親機」だということが分かる。木製の 9-12176A 型幅広プロペラを装備している。
Fw 190 A-8 and Mistel 2S, Bernburg

56-59. Mistel 2S　ベルンブルク
　　写真 55 とは別の機体。
　　「親機」の Fw 190 は国籍標識のスタイルも異なっている。
Mistel 2S, Bernburg

61.

62.

61-66. He 162 A-1　製造番号300020　ベルンブルク
未完成状態で鹵獲された機体。武装がMK108 30mm機関砲であることから、形式はA-1であることが分かる。機首に記された数字は製造番号の末尾二桁。ユンカース社ベルンブルク工場はHe162ジェット戦闘機の最終組み立てを担当していた。なお、わずか数秒間ではあるが、この機体を撮影したカラー動画が残されている。
Heinkel He 162 A-1, W.Nr. 300020, Bernburg

63.

64.

65.

66.

ドイツ北部　57

67. 1945年4月13日、連合軍に占領されたシュテンダル飛行場とその周辺には数多くのドイツ機が遺棄されていた。この写真は、飛行場に並べられた Bf 109、Fw 190、そして Ta 152 H-0 の姿を捉えた貴重なカットである。手前の機体は、Stab. I./JG 301 の所属の Fw 190 A-8、「緑＜3 ＋」、製造番号 170930 で、胴体の本土防空識別帯は赤／黄。その背後には、所属不明の Bf 109 K-4、製造番号 330423 が見える。製造番号は垂直尾翼上端に記入されている。3 機目は、Stab./JG 301 所属の Ta 152 H-0「白 7 ＋−」、製造番号 150007。JG 301 がこの飛行場から撤退する際に飛行不能であったため、この機体は放棄されたと思われる。この写真では見づらいが、黄／赤の胴体帯には、飛行隊本部所属を示す緑色の横棒が記入されている。コックピット左右に 2 本ずつ取り付けられているキャノピー固定ボルトが確認できるものの、キャノピー自体はキャビンの与圧に対応していない通常型のものが装備されていることから、この機体の与圧システムは機能していなかったことが分かる。また、過給器エアスクープ直後の矩形ハッチには、オイル注入量を示す三角形のステンシルが記入されている。その後方には、1./JG 301 所属を示す赤／黄の胴体帯を記入した Fw 190「白 2 ＋−」、Bf 109 G-12「95」(機首に記入) 練習機、黄／赤の帯を記入した Fw 190 などが確認できる。JG 301 所属機の本土防空識別帯は、黄／赤と赤／黄のパターンが混在していることに注意。なお、後方の格納庫は、この写真が撮影されて以来、60 年以上が経過した今日も、シュテンダル・ボルシュテル (Stendal Borstel) 空港の施設として利用されている。
Fw 190 A-8, W.Nr. 170930, 'Green <3 +', Stab. I./JG 301
Bf 109 K-4, W.Nr. 330423
Ta 152 H-0, W.Nr 150007, 'White 7 + −', Stab./JG 301
Fw 190 'White 2 + −', 1./JG 301
Bf 109 G-12, '95'
Stendal, Spring 1945

ドイツ北部

68.

69.

70. JG 301 所属の Fw 190 A-8 または A-9
完全に焼失しているが、かろうじて赤／黄の胴体帯を確認することができる。
Fw 190 A-8 or A-9, JG 301, Stendal, Spring 1945

68. 詳細不明の Ju 88 G-6 と Bf 109 G、スピナのスパイラルのパターンから JG 301 所属と思われる Fw 190 D-9、そして Fw 190 A-8「緑＜3 ＋」(写真 55 手前の機体) シュテンダル 各機の位置関係から、写真 67 は右から 2 機目の Fw 190 D-9 の上から撮られたことが分かる。
Ju 88 G-6, Bf 109 G, Fw 190 D-9 and Fw 190 A-8, W.Nr. 170930, 'Green <3 +', Stab. I./JG 301, Stendal, Spring 1945

69. 詳細不明の Fw 190 F-8/R14 シュテンダル 両翼下面の ETC503 ラック、魚雷搭載用の ETC502 胴体ラック (胴体ラック左右にある魚雷支持架が見える)、延長された尾輪、消炎排気管といった、この形式特有の装備が確認できる貴重なカット。
Unidentified Fw 190 F-8/R14, Stendal, Spring 1945

71.

62 LO+ST

72.

71-72. 4./JG 301 所属の Fw 190 A-8 または A-9「青 9」 シュテンダル
本土防空識別帯は赤／黄で、所属 Gruppe（飛行隊）を示す横棒は記入されていない。
Fw 190 A-8 or A-9, 'Blue 9', 4./JG 301, Stendal, Spring 1945

73-74. Stab. I./JG 301 所属の Fw 190（形式不明）「<4 +」シュテンダル（？）
正確な撮影場所は不明だが、シュテンダル飛行場周辺に遺棄されていたと思われる機体。胴体の帯は赤／黄。機体番号は緑色だろうか？なお、機体番号「4」には、白色の細い縁どりが施されている。
Fw 190, '<4 + ', Stab. I./JG 301, Stendal(?)

ドイツ中部
Central Germany

75. 2./JG 27所属のBf 109 K-4 「赤23」 ライネ
連合軍の資料には「(エンジンは) DB 605 B-1 No.011102706」と記述されている。尾部の本土防空識別帯は緑。胴体には「BUY MORE BONDS NOW」と書かれ、戦時国債の購入を呼びかけている。
Bf 109 K-4, 'Red 23', 2./JG 27, Rheine

76.

77.

78.

79.
写真76裏面の英文：
Capt. Sorenson, my Bat commander and Farwell Lemley were at the wreckage of a German fighter plane. The pilot is dead and frozen on the ground. Cold day.

80.
写真77裏面の英文：
A finished German fighter plane + pilot - New Year's Day 1945. Visited the wreckage near Aachen at 4 on same day. Plane was destroyed by 556th aaa aw Bn and 124 aaa Gun Bn. Have ammo clips from one of wings

81.
写真78裏面の英文：
Capt Preston on left - Maj Seymour, Farwell A Lemley. I think I am looking in the cockpit at the time - not the helmet on a short man I wouldn't swear it was me. One of our units shot this German fighter plane down. The pilot was killed in landing. He is also in the picture.

76-78. JG 11 所属と推定される Fw 190　機体番号なし　アーヘン近郊
黄色と見られる 900mm 幅の胴体帯から、JG 11 所属機と判断できる。ここに掲載した一連の写真の裏面には、この Fw 190 が撃墜された経緯が詳細に記されている。メモが正確だとすれば、この機体は 1945 年 1 月 1 日にアーヘン近郊で撃墜され、その日の午後 4 時に写真が撮影されたことになる。機体が着地した際に反転したことから上半部はひどく破損し、右翼もちぎれている。戦死したパイロットのブーツは既に持ち去られている。
Fw 190, Aachen suburb, 1 January 1945

79. 写真76裏面の英文と和訳：Capt. Sorenson, my battalion commander and Farwell Lemley were at the wreckage of German fighter plane. The pilot is dead and frozen on the ground. Cold day. （和訳）ソレンセン大佐、大隊中佐、及びファーウェル・リムリイ、ドイツ戦闘機の残骸にて。パイロットは亡くなっていて地面で凍っている。寒い日だ。

80. 写真77裏面の英文と和訳：A finished German fighter plane + pilot - new year's day 1945. Visited the wreckage near Aachen at 4 on same day. Plane was destroyed by 556th AAA AW Bos and 124 AAA Ger Bos. Have ammo clips from one of wings. （和訳）過去のものとなったドイツ戦闘機とパイロット――1945 年元日。同日 4 時アーヘンに近い残骸を訪ねる。戦闘機は砲兵第 556 対空自動火器部隊及び砲兵第 124 対空砲部隊によって破壊された。片翼から弾薬クリップを拾った。

81. 写真78裏面の英文と和訳：Capt. Preston on left, Major Seymour, Farwell A. Lemley. I think I am looking in the cockpit at the time - not the helmet on a short man - I wouldn't swear it was me. One of our units shot this German fighter plane down. The pilot was killed in landing. He is also in the picture. （和訳）左にプレストン大佐、シーモア少佐、ファーウェル・A・リムリイ、私はこのときコックピットを覗いていた（背が低いヘルメットの男性ではない）と思うが、（写真の人物が）私であるとは断言できない。我々の一部隊がこのドイツ戦闘機を撃ち落とした。パイロットは着陸時に死亡。彼もこの写真にいる。

※ John Manho 氏と Ron Putz 氏の共著、"Bodenplatte: The Luftwaffe's Last Hope"（Hikoki Publications Ltd, 2004）に収録されている損失リストと照合すると、この Fw 190 は 1945 年元日にドイツ空軍が行ったボーデンプラッテ作戦で Asch 飛行場を襲撃して（Aachen は飛行経路にあたる）、未帰還となった JG 11 指揮官 Günter Specht（ギュンター・シュペヒト）少佐の僚機を勤めた Sophus Schmidt（ゾフス・シュミット）曹長とその搭乗機 Fw 190 A-8、製造番号 737946（機体番号は記録されていない）の可能性がある。

82-83. 6./JG 26 所属の Fw 190 D-9 「黒 3 ＋－」
製造番号 210239　ヴェーゼル近郊
1945 年 3 月 9 日、Fritz Hanusch（フリッツ・ハヌシュ）曹長が P-47 との空戦で被弾し、ヴェーゼル近郊に胴体着陸した機体。
Fw 190 D-9, W. Nr. 210239, 'Black 3 + –', Wesel suburb

84. 所属不明の Fw 190 F-8 「白 48 ＋」 製造番号 587108　リプシュタット
1945 年 5 月にリプシュタット飛行場に着陸、投降した機体。
Unidentified Fw 190 F-8, W.Nr.587108, 'White 48 +', Lippstadt

85.

86.

87.

88.

85-91. 所属不明のFw 190 F-8 「白48+」
製造番号 587108　リプシュタット
製造番号587108の各部分を捉えた写真。写真81ほど鮮明ではないが、明暗が反転したようなリバース・イメージ塗装のスピナーと胴体国籍標識など、戦争末期に生産された機体の特殊性が見てとれる。
Unidentified Fw 190 F-8, W.Nr.587108, 'White 48 +', Lippstadt

89.

90.

91.

ドイツ中部 71

92.

93.

94. 詳細不明の Bf 109 G-6 または G-14　ダルムシュタット
　　キャノピーは旧式の3分割型で、背の低い金属製垂直尾翼
　　を装備している。訓練部隊で使用されていた機体だろうか。
　　Unidentified Bf 109 G-6 or G-14, Darmstadt

92-93. 所属不明の Fw 190 F-8、製造番号 932645　フランクフルト　ライン＝マイン
　　　国籍標識は黒十字に白い縁が付くタイプ。
　　　Unidentified Fw 190 F-8, W.Nr.932645, Rhein-Mein airfield, Frankfurt

95. 未完成状態のフォッケウルフ Ta 152 H-1　エアフルト＝ノルト
ミメタル（Mimetall）社のエアフルト＝ノルト工場で発見された Ta 152。未塗装の胴体、前半部と後半部で塗り分けられた主翼上面、ユニットとして胴体とは別に製造され、すでに塗装が施された尾部（水平尾翼上面は単色で塗られている）など、製造途中の状態がよく分かるカット。開かれた胴体側面ハッチから、GM-1 パワーブースト用の亜酸化窒素タンクが見える。
Incomplete Ta 152 H-1, Erfurt-Nord

96. Ta 152 H-1 の後部胴体　エアフルト＝ノルト
　　未塗装の胴体には用途不明な赤色（？）の細い線が巻かれている。
　　Tail of an incomplete Ta 152 H-1, Erfurt-Nord

97. 未完成状態の Ta 152 E-1（中央の 3 機）と Bf 109 G-10　エアフルト＝ノルト
Ta 152 E-1 は写真偵察型として、翼幅 11.0m の短翼（Ta 152 C 用の主翼。Ta 152 H の翼幅は 14.82m）と Jumo213E エンジン、カメラ搭載のため内部構造を変更した後部胴体の組み合わせにより、1945 年 3 月に量産がスタートした。ここに集められた機体は、いずれも未完成機である。左端は胴体着陸した 14./JG 301 所属のエルラ（Erla）社製 Bf 109 G-10「赤 1 ＋－」（飛行隊を示す横棒は青色）、製造番号 151067。
Ta 152 E-1s and Bf 109 G-10 (W.Nr. 151067) of 14./JG 301, 'Red 1 + –', Erfurt-Nord

98. 未完成状態の Ta 152 E-1　エアフルト＝ノルト
　　写真 97 の Ta 152 E-1、3 機のうち中央の機体。
　　エンジン周り、翼下面のハッチのレイアウトな
　　どを見ることができる写真。
　　Incomplete Ta 152 E-1, Erfurt-Nord

99. 14./JG 301 所属の Bf 109 G-10　「赤 1 ＋ー」　製造番号 151067　エアフルト＝ノルト
　　写真 97 左端に写った機体のクローズアップ。
　　Close up of the Bf 109 G-10, W.Nr. 151067, Erfurt-Nord

100. 未完成のまま破壊された Ta 152 E-1 の胴体後部　エアフルト＝ノルト
E 型特有のハッチのレイアウトが確認できる写真。この写真で一番重要なのは、画面右端に小さく写る剝がれ落ちてひしゃげた胴体外板である。ここに見える小判形のパネル開口部がまさしく E 型の特徴であることを、ドイツ機研究家の阿部孝一郎氏が『スケールアヴィエーション』誌 2006 年掲載の論考「Ta152 の解明」で指摘。この一連の写真は、計画のみで終わったと思われてきた Ta 152 E-1 が、実際に製造されていたことを初めて証明する決め手となった。
Fuselage of the Ta 152 E-1, Erfurt-Nord

101. Ta 152 H-1　製造番号 150167　エアフルト＝ノルト
エアフルト＝ノルトでアメリカ軍に鹵獲され、解体された Ta 152 H-1。アメリカ軍のレポートによると、鹵獲した時点では飛行可能状態だったという。この機体はこれまでに 3./JG 301 所属の Fw 190 D-9「黄 15＋」、製造番号 500666 および製造番号未記入の Ta 152 H と並べて置かれている写真が知られているが、製造番号未記入の Ta 152 H は 74 ページの写真の機体だと思われる。
Ta 152 H-1, W. Nr. 150167, Erfurt-Nord

102. 未完成状態の Ta 154 A-1　エアフルト＝ノルト
ミメタル社のエアフルト＝ノルト工場では、
1944年7月に正式に生産が中断されるまで木製
双発戦闘機 Ta 154 A-1 の生産が進められており、
2機が完成したとの記録が残されている。この胴
体は製造が中断された後、そのまま放置されてい
たものと考えられる。
Incomplete Ta 154 A-1, Erfurt-Nord

103. ハンガーの前に並べられた 8./JG 6 所属の Fw 190 D-9　エアフルト＝ノルト
手前から、「青 1 ＋ －」（製造番号 211925）、「青 2 ＋ －」（製造番号 211094）、
「青 4 ＋ －」（製造番号 211?24）、「青 11 ＋ －」（製造番号 211???）。
Fw 190 D-9s of 8./JG 6, W. Nr. 211925, 'Blue 1 + –', W. Nr. 211925, 'Blue 2 + –',
W. Nr. 211?24, 'Blue 4 + –', W. Nr. 211???, 'Blue 11 + –', Erfurt - Nord

104-105. 8./JG 6所属のFw 190 D-9の遠景と「青1＋ー」
他3機のクローズアップ　エアフルト＝ノルト
*Fw 190 D-9s of 8./JG 6 and close up of 'Blue 1 +
 −' W.Nr. 211925, Erfurt - Nord*

106. 8./JG 6 所属の Fw 190 D-9 を後方から見る　エアフルト＝ノルト
Fw 190 D-9s of 8./JG 6 viewed from different direction, Erfurt - Nord

107. 8./JG 6 所属の Fw 190 D-9　エアフルト＝ノルト
　　　Fw 190 D-9「青1＋－」の製造番号 211925 が確認できる。
　　　尾翼迷彩のパターンは4機で異なる。
　　　Fw 190 D-9s of 8./JG 6, Erfurt - Nord

108. 6./JG 301 所属の Fw 190 A-9「赤（?）22 ＋－」 製造番号 490044　ランゲンザルツァ
従来からこの機体の番号は赤色というのが定説だった。しかし、このモノクロ写真を見る限りでは番号の階調は胴体後部、本土防空識別帯の赤色（胴体後部 2 色の帯の前部）とも黄色（後部）とも一致しない。青色だとすると、6./JG 301 ではなく 8. Staffel（第 8 中隊）所属機ということになり、その場合、機体番号は白縁付き青色となるのが通例なのだが……。オリジナル・プリントにあたって確認した結果、新たな疑問が生じた例。
Fw 190 A-9, W. Nr. 490044, 'Red(?) 22 + –' 6./JG 301, Landensalza

109-110. JG 300 所属のエルラ社製 Bf 109 G-10「黒 4 ＋－」 製造番号 150816　ランゲンザルツァ
エルラ社が製造した Bf 109 G-10 の例としてこれまでにも別カットの写真が数点発表されている機体。従来は黄／白／黄の本土防空識別帯を巻いた JG2 の所属機とされてきた。しかし、JG 300 の III. および IV. Gruppe 所属の Bf 109 には、1945 年の春に青／白／青の識別帯に短い黒色の横棒が追加されたという説が最近になって提唱されており、本書ではこれに基づいて JG 300 の所属機とした。Bf109 G-6/AS、G-14/AS、G-10 と K-4 は、胴体幅を超えて外側に張り出したエンジン過給機と左主脚取付部から延びたエンジン下方支持架、上に湾曲したエンジン支持架を覆うため、その周辺から外側に膨らませて MG131 胴体機関銃を覆う一体化した左右非対称断面のカウリングを採用。メッサーシュミット社レーゲンスブルク工場と WNF 社製の G-10/U4、G-10/R2 などは同じカウリングを使ったが（e.g. 本書 111 ページに掲載した G-10）、エルラ社製の G-10、G-10/R6、K-4/R6 はレーゲンスブルク工場製や WNF 社製とは断面形状が異なり、それらとは互換性がない独自のカウリングを装着していた。
Bf 109 G-10, W. Nr. 150816, 'Black 4 + –', Langensalza

109.

110.

111.

112.

111-112. 所属不明の Fw 190 D-9、製造番号 601444　エシュヴェーゲ
機体番号、スピナのスパイラルともに記入されていない。
また排気汚れも少ないことから、部隊に配備する前の状態で鹵
獲された機体という可能性もある。
Fw 190 D-9, W. Nr. 601444 Eschwege

ドイツ南部
Southern Germany

113. 詳細不明のBf 109 G-6またはG-14　ニュルンベルク
ナチ党の聖地ニュルンベルクで林の中に分散駐機されていたBf109。ヨーロッパ戦の末期、制空権を完全に握った連合軍の地上攻撃機が、目を引くものなら何にでも襲いかかる状況下で、ドイツ空軍部隊はこのように身を潜め、数少ない出撃の機会を窺うことしかできなかった。
Bf 109 K-4, 'Red 23', 2./JG 27, Rheine

114. ミュンヒェン＝シュライスハイム飛行場風景（その1）
遺棄された戦闘機群。手前には Ju 88 G-1 と Bf 110 G-4、
遠方に Bf 109、Fw 190 などが並んでいる。
View of the München-Schleißheim Airfield (1)

115. ミュンヒェン＝シュライスハイム飛行場風景（その2）
　　これら2葉の写真はパノラマになるように撮影されていた。
View of the München-Schleißheim Airfield (2)

116. 所属不明の Bf 100 G-4 「？？＋KV」 ミュンヒェン＝シュライスハイム
写真 115 右側の機体。
Bf 110 G-4, '?? + KV', München-Schleißheim

118. ミュンヒェン＝シュライスハイム第 3 発動機技術学校所属の Bf 109 G 群
ミュンヒェン＝シュライスハイム
ミュンヒェン＝シュライスハイム飛行場では、識別記号「TS+MB」が記入された Bf 109 が 7 機確認されている。Fliegertechnische Schule 3 Motor München-Schleißheim（ミュンヒェン＝シュライスハイム第 3 発動機技術学校）はエンジン関係の整備員を養成する部隊と言われており、様々な型式の Bf 109 などが教材として使用されていたようである。写真で確認されているいずれの機体も排気汚れが全く認められないことから、実際に飛行可能なものはなかったのかもしれない。
Bf 109s of Technische Schule Motor München-Schleißheim

117. NGJ 6 所属の Ju 88 G-6 「2Z + ？？」 ミュンヒェン＝シュライスハイム
Ju 88 G-6, '2Z + ??', NJG 6, München-Schleißheim

119. 詳細不明の Bf 109 K-4　ミュンヒェン＝シュライスハイム
識別記号「TS+MB」の Bf 109 G とともに並べられていた、Bf109 の最終量産型 K-4。機体上面は明度の差が大きい2色で迷彩され、排気と機首のオイル漏れによる汚れが目だっている。一見したところ、機体注意書きはフラップ上面の「Nicht betreten（踏み込むな）」と DC24V の外部電源差し込み口に関する注意書き（コクピット後方の蓋が開いた丸い開口部の周囲）しか確認できず、末期の機体はステンシル類も簡略化されていたことを知ることができる。胴体上面に見える開口部は K-4 の MW50 出力増強装置用水・メタノール／燃料注入口であるが（同じ装置を装備する G-10 では、注入口は胴体フレーム一つ分、尾部側に下がる）、ここに記入されるべき三角形のステンシルも見あたらない。
Unidentified Bf 109 K-4, München-Schleißheim

120. Bf 109 G　識別記号「TS+MB」　ミュンヒェン＝シュライスハイム
写真 120 から 123 はミュンヒェン＝シュライスハイム飛行場周辺の森で発見された Fliegertechnische Schule 3 Motor München-Schleißheim の Bf 109 G。
Bf 109 G of Fliegertechnische Schule 3 Motor München-Schleißheim

121.

122.

123. **Bf 109 G　識別記号「TS+MB」　ミュンヒェン＝シュライスハイム**
　　　機首下面のオイルクーラー・カバーは、大型化して冷却効果を高めた
　　　FO987 オイルクーラー用のものを装備していることが分かる。
　　　Bf 109 G of Fliegertechnische Schule 3 Motor München-Schleißheim

121-122. **Bf 109 G　識別記号「TS+MB」　ミュンヒェン＝シュライスハイム**
　　　前ページの Bf 109 G とは別の機体。無傷のように見えるが、
　　　車輪を外されて飛行不可能な状態である。
　　　Bf 109 G of Fliegertechnische Schule 3 Motor München-Schleißheim

124.-125.

126.-127.

128.-129.

124-129. ミュンヒェン＝リーム飛行場のパノラマ写真
　　　　パノラマ風に撮影された３組の写真。画像処理や画面の重なりのトリミングをせずに、オリジナル・イメージのまま掲載した。124-125 では遺棄された Bf 110 G、Bf 109 などが確認できる。中央の Bf 109 G-6/AS（？）、識別記号「TS+MB」は、Fliegertechnische Schule 3 Motor München-Schleißheim に配備された機体。同じ識別記号を記入された Bf 109 G は、ミュンヒェン周辺で 10 数機が確認されている。126-127 に写った残骸の中には解体された Me 262 が確認できる。128-129 は破壊を免れた格納庫の内部。Ju 87D、Ju 88 G-1、Bf 110 G（画面左から）が確認できる。
Panoramic views of the München-Riem airfield

Wurzburg air Field - Germany
V-E Day

130.

Fw.190 - German Fighter

131.

130-131. 所属不明の Fw 190 A-8 「黄7（?）+」 製造番号9612?? ヴュルツブルク 1945年5月8日
カール・デーニッツ大統領のドイツ臨時政府が、ベルリンで降伏文章にサインした日の光景。
写真上に「ヴュルツブルク飛行場――ドイツ ヨーロッパ戦勝利の日（Wurzburg airfield - germany V-E Day）」、下に「Fw.190――ドイツ戦闘機（Fw.190 - German fighter）」と記されている。
Fw 190 A-8, W.Nr. 9612??, 'Yellow 7(?)', Würzburg, V-E Day May 8 1945

132.

132-134. Daimlar Benz DB603E エンジンを装備した Fw 190 D-9　製造番号 601286（？）　ネリンゲン
1945年4月にダイムラー・ベンツ（Daimlar-Benz）社が独自に調達し、DB603Eエンジンのテスト・ベッドとして改装した12機のFw 190 D-9のうちの1機。D-9ベースであるため、D-15で予定されていた外翼武装は装備されていない（D-15はDB603EMまたは603LAエンジンを搭載し、武装はMK108モーターカノン×1、翼付け根にMG151/20E×2、外翼にMK108×2を搭載する予定だった）。主エンジン架はTa 152 C用のパーツを流用しているようだ。ダイムラー・ベンツエンジンを搭載したD-9の存在が確認できる貴重な写真。
Daimlar Benz DB603E mounted Fw 190 D-9, W. Nr. 601286(?), Nellingen

133.

134.

ドイツ南部

135. 未完成の Bf 109 K-4　ヴェルトハイム近郊
ヴェルトハイム近郊の地下工場周辺で発見された、エンジンが装備されていない Bf 109 K-4 の胴体。
最末期の生産機にもかかわらず、最も初期に導入された 8-009.309 型ラダー（バランス・タブなし）
を装備していることに目を引かれる。
Bf 109 K-4, Near Wertheim

136. 同じく未完成の Bf 109 K-4　ヴェルトハイム
　　 発見された 25 機分の胴体はエンジン取付部をシートで覆われており、
　　 機体の状態は完全であったという。
　　 Bf 109 K-4, Near Wertheim

137. 地下工場への入口　ヴェルトハイム
　　トンネル内にエンジンと主翼が備蓄されており、最終組立が行われた。
　　レールの上に放置されている主翼はG型用のパーツで、木の枝ととも
　　に入口を擬装するために使われていたのかもしれない。
　　Bf 109 assembly area, Near Wertheim

138. 森の中に並べられている未完成の Bf 109 K-4
撮影場所不明の写真だが、ヴェルトハイムとほぼ同様の状況が見てとれる。
左右非対称な機首のふくらみや、水平尾翼取付部のディティールがよく分か
る写真。
Bf 109 assembly area, Location unknown

139.

140. 所属不明の Bf 109 K-4 「白 14 ＋」 ノルトハイム
迷彩塗装のパターンから、製造番号 332XXX 台の機体と思われる。
Bf 109 K-4, W. Nr. 332XXX, Nordheim

139. 未完成の Bf 109 K-4
スクラップ・ヤードに積み上げられた Bf 109 K-4 の胴体。
上面色の下端に下面色（RLM76）を帯状に塗布した、ヴェルトハイムの機体と共通する独特の迷彩パターンが目を引く。
Bf109 K-4s in the scrap yard, Location unknown

141. Stab. II./SG 2 所属の Fw 190 A-8 「黒 << +ー」 製造番号 171189　キッツィンゲン
II. Gruppe の飛行隊長である Karl Kennel（カール・ケンネル）少佐の搭乗機。機首ガンカバーに記入された黄色の小さな輪は、この機体が緊急出力増大装置を装備していることを示している。
Fw 190 A-8, W.Nr. 171189, 'Black <<+ –', Stab. II./SG 2, Kitzingen

142. Fw 190 A-8 「黒 << 十ー」を左後方から見る
Fw 190 A-8, W.Nr. 171189, 'Black <<+ –', Stab.II./SG 2, Kitzingen

144.

145.

144-145. Fw 190 D-9「青12＋ー」を左前方から見る
主翼下面の塗り分けと国籍標識のスタイル、記入位置が確認できる。
Fw 190 D-9, 'W.Nr.500570, 'Blue 12 + -', 8./JG 6, Fürth

143. 8./JG 6 所属の Fw 190 D-9「青12＋ー」製造番号 500570　フュルト
これまでにカラー写真を含む多くの写真が発表されている、
おそらく世界で最も有名な Fw 190 D-9。
Fw 190 D-9, 'W.Nr.500570, 'Blue 12 + -', 8./JG 6, Fürth

146.

146. フュルト飛行場の遠景
アメリカ陸軍航空隊の P-38 に囲まれた Ju 87 と
Fw 190 D-9「青 12 ＋－」(中央の機体)。
Ju 87 and Fw 190 D-9, 'Blue 12 + -', Fürth

147. 2./JG 6 所属の Fw 190 A-8 「赤 6 ＋」 製造番号 739533
フュルト
Fw 190 A-8, W.Nr. 739533, 'Red 6 + ', 2./JG 6, Fürth

148. 2./NAGr. 14 所属の Bf 109 G-10/R2 「黒 12 ＋ 5F」
製造番号 770269　フュルト
Bf 109 G-10 の写真偵察型。機首先端の黄色の帯は、東部戦線の Luftflotte 4 (第 4 航空艦隊) に所属することを表している。この戦術標識は 1945 年 3 月から適用され、機首先端から 50cm と方向舵を黄色で塗った。Luftflotte 4 の編制下には写真の NAGr. 14 (第 14 近距離偵察飛行隊) の他に、NAGr. 12 があった。この機体も全体を右後方から写したカラー写真と、カラー動画が残されている。
Bf 109 G-10/R2, W.Nr. 770269, 'Black 12 + 5F', Fürth

147.

ドイツ南部 111

149. 所属不明の Bf 109 G-14/AS 「黒 473 ＋」 フュルト
胴体に記された三桁の番号は、この機体が飛行学校の最終訓練に使用された機体であることを示す。
Bf 109 G-14/AS, 'Black 473', Fürth

150. 所属不明の Fw 190 D-9 「白 15 ＋」 製造番号 600651 シュトラウビング
Fw 190 D-9, W.Nr. 600651, 'White 15', Straubing

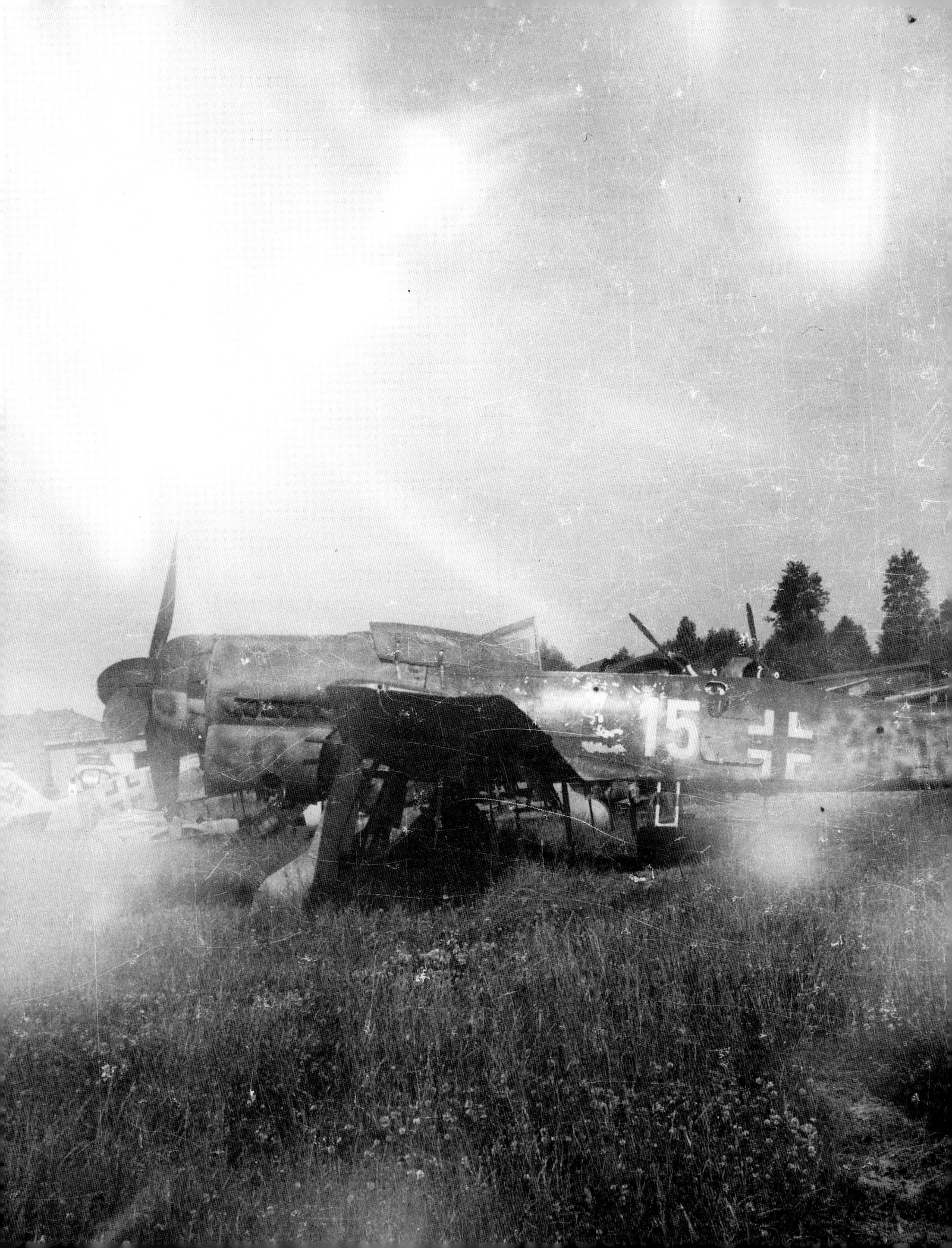
15

151.

152.

153.

151-153. 所属不明の Fw 190 D-9 「白 15 ＋」 製造番号 600651　シュトラウビング
Fw 190 D-9, W.Nr. 600651, 'White 15', Straubing

154.

154-156. III./SG 10 所属の Fw 190 F-8 または F-9「黒 5 ＋｜」 シュトラウビング
機首に黄色の帯が記入されていることから、SG 10（第 10 地上攻撃航空団）が Luftflotte 4 の隷下部隊であることが分かる。機体番号は「＜＋ー」から書き換えられている。
Fw 190 F-8 or F-9, 'Black 5 +|', III./SG 10, Straubing

155.

156.

ドイツ南部 117

157.

BOOK REVIEW ● DAINIPPON KAIGA

新刊のご案内

2009年7月

大日本絵画

表示価格には消費税が加わります。

Takumi 明春の 1/700 艦船模型 "至福への道" 其之参
1/700艦船模型の作り方ベーシック編
◎模型製作／Takumi明春
◎好評発売中・3,600円

　シリーズ3冊目となる本巻は、500枚を超える工程写真、詳細な完成見本写真により1/700艦船模型製作法の「基礎」を詳しく解説するハウツー本です。人気が高い、タミヤの近年の名作キット「1/700 阿武隈」を題材に、とくに初心者〜中級者がすぐに役立てることができるベーシックなテクニックを中心に紹介。ステップアップのためのポイント、ディテールアップ法も掲載いたします。

車

モーターグラフィックス2 ザ・レーシングマシン
'87〜'91年度F-1グループBなど、人気の高いレーシングマシンのプラモデルを紹介。 一、六二八円

ティレル・ヤマホ023
'91年シーズン、エントリー初年度にして対1チーム6位。ティレル023写真資料集。 一、四二八円

ジョーダン191
'91年シーズン大活躍を演じたベネトンフォードB192やジョーダン191写真集。 一、四〇八円

ベネトンフォードB192
パーツを楽しむ一冊。 一、五〇八円

ロータス107＆107B
107計画の全てを網羅。ボリュームも倍増。 一、四二八円

ALL IN RED, 1/24 SCALE FERRARIS
フェラーリ・ファンが自らの手で作り出した1/24スケールのモデル・カー、モデラーたちのこだわりをまとめたフェラーリ・マシンたちの詳細に迫った写真集。 三、〇〇〇円

Moto GP &GP500レーサーズ
前作に続き2003年シーズンを戦ったMoto GPレーサーたちを徹底取材した写真集。 三、〇〇〇円

Moto GPレーサーズ アーカイヴ2003
GPレーサーのスペシャルな写真集。 三、〇〇〇円

ヤマハYZR500 1978〜1988年アーカイヴ
1970年代から80年代のGP500決勝機ヤマハYZR500スペシャル写真集。 三、〇〇〇円

Moto GPレーサーズ アーカイヴ2004
2004年シーズンに戦ったMoto GPマシンたちを徹底取材した写真集。 三、〇〇〇円

ホンダNS500＆NSR500 アーカイヴ1982〜1986
4ストロークからニストローク、ホンダダイトル獲得の戦いに方向転換したNS500→NSR500マシン開発担当者インタビューを掲載。 三、三〇〇円

Moto GPレーサーズ アーカイヴ2005
2005年シーズンに送臨んだMoto GPマシンデイテールを知るる一冊。 三、三〇〇円

平野"フィギュア・マイスター"義高の仕事集
デルのマイスターとして平野義高の人作品集。 三、〇〇〇円

伊藤康治 作品集 ダイオラマ・ショーピース
総合的な情報からドラマチックな世界を構築するAFVモデラー、伊藤康治の傑作作品集。 二、〇〇〇円

35分の1スケールの迷宮物語
主にモデルグラフィックスで掲載された作品の一冊に。 二、〇〇〇円

ワールドタンクミュージアム図鑑／モリナガ・ヨウ
大ヒット商品「ワールドタンクミュージアム」の実車解説書イラスト54点。 二、〇〇〇円

東京右往左往／モリナガ・ヨウ
都会を飛び出し、東京の、公園、商店街、路地、広場、鉄道…。 一、八〇〇円

フー・ファイター／滝沢聖峰
コンラッドの「THE HEART OF DARKNESS」を収録。カラー書き下ろしの表紙に仕上げたサイズの大判。 一、八〇〇円

撃墜王／滝沢聖峰
一、八〇〇円

AD・ポリス25時／トニーたけざき
西暦2032年の魔都TOKYOに立ち向かうADポリスの事件簿。 一、九五一円

U・S・マリーンズ ザ・レザーネック
アメリカ海兵隊の歴史を解説した「ザ・レザーネック」2冊刊「モデルグラフィックス」誌を基にまとめた一冊。 二、〇〇〇円

独立戦隊 黄泉／サトウ・ユウ
1944年10月、フィリピン沖合で空と戦艦と戦いへ。 一、九〇〇円

ドイツ陸軍戦史／上田 信
ポーランド侵攻、第二次大戦大戦で繰りひろげた血戦に迫るイラスト集。 二、〇〇〇円

日本軍陸軍戦史「鉄獅子かく戦えり」／上田 信
日本帝国陸軍戦車の創設から太平洋戦争まで、歴史絵巻。 二、〇〇〇円

あら、カナちゃん！／モリナガ・ヨウ
新書4コマまんが。『漫画楽園』に連載中の、カナちゃんいっぱい。 六五〇円

表示価格に消費税が加わります。

158. II./JG 52 所属の Bf 109 G-10「黄 6 ＋ー」 アインリング
胴体の「＜」を上面色で塗り潰し、新たに「黄 6」が記入されている。写真の状態が良くないので確実ではないが、コックピット側面に「立ち小便をする男」のパーソナル・マークが描かれているようだ。
Bf 109 G-10, 'Yellow 6 + -', II./JG 52, Ainring

157. III./SG 10 所属の Fw 190 F-8 または F-9「黒 8 ＋｜」 シュトラウビング
機体上面を暗色で塗装し、胴体国籍標識は白縁のみ、また垂直尾翼のスワスチカは白地に黒縁という特殊な塗装とマーキングが施された機体。ラダーと機首先端は黄色に塗装されている。
Fw 190 F-8 or F-9, 'Black 8 +|', III./SG 10, Straubing

159. II./JG 52 所属の Bf 109 G-10「白 1」 ノイビベルク
　　ほとんど塗装が剥げ落ちた状態の機体。機首先端の黄色の識別塗装と、
　　塗り潰された JG 53（旧所属部隊）の部隊章はかろうじて残っている。
　　Bf 109 G-10, 'White 1', II./JG 52, Neubiberg

160. II./JG 52 所属の Bf 109 群　ノイビベルク
II./JG 52 は黄色の識別塗装が示すように、東部戦線で任務に就いた部隊であったが、飛行可能な機体は敗戦時にオーストリア中央部のツェルトヴェク（Zeltweg）を飛び去り、アメリカ軍支配地域のノイビベルクに投降した。中央の機体は Bf 109 G-10「黄 9 ＋－」。注目すべきは、右から 2 番目の機体で、拡大画像を見ると外側脚カバー付きの Bf 109 K-4「＜＜ ＋－」、II. Gruppe を指揮していた Wilhelm Batz（ヴィルヘルム・バッツ）大尉の乗機である。
Bf 109s of II./JG 52, Neubiberg

161. Wilhelm Batz 大尉乗機、「＜＜ ＋－」の拡大画像
Bf 109 K-4 of hauptmann Wilhelm Batz, '<< + -', Close up

162.

163.

162-163. 所属不明の Bf 109 G-6 または G-14「黒 16 ＋」 ツェルハウゼン
Unidentified Bf 109 G-6 or G-14, 'Black 16 + ', Zellhausen

164. 所属不明の Fw 190 D-9 と Stab. I./JG 300 所属の Bf 109 G-6 または G-14「黒 <<2 +」 ツェルハウゼン
手前の Fw 190 D-9 は、修理中に遺棄されたものだろう。別カットの写真で、胴体国籍標識は 600mm サイズの白縁のみのタイプであることが判明している。Bf 109 G の胴体国籍標識と垂直尾翼のスワスチカは塗り潰されている。
Unidentified Fw 190 D-9 and Bf 109 G-6 or G-14, 'Black <<2 + ', Zellhausen

165. スクラップヤードに集められたドイツ機群　バート・アイブリング
　　画面右手前に所属不明の Bf 109 K-4「黒＜＋」が見える。
　　Bf 109 K-4, 'Black < + ', Bad Aibling

166-167. 所属不明の Fw 190 A-8 または A-9「黄 5 +－」 バート・アイブリング
　　　　従来、「白 5 +－」とされてきた機体だが、この写真を見る限りでは、機体番号は黄色で間違いない。
　　　　排気管直後の胴体側面は、塗装の剥離がはなはだしい。
　　　　Fw 190 A-8 or A-9, 'Yellow 5 + ', Bad Aibling

ドイツ南部 125

168. Verbandsführerschule des General der Jagdflieger（戦闘機隊総監直属部隊指揮官訓練学校）所属の Fw 190 D-11「白《－＋」、製造番号 220017（手前）と所属不明の He111 バート・ヴェリスホーフェン「白《－＋」はおそらくこの部隊の指揮官機だろう。スピナ先端は白／黄、主翼フィレット後端のパーツは未塗装のまま装着されている。Fw 190 D-11 は Jumo213F エンジンを搭載してメタノールと水の混合液を噴射する MW50 出力増強装置を標準装備し、武装は翼付け根に M151/20E×2、主脚のすぐ外側に MK108 を 2 門装備した D 型のバリエーション。合計で 20 機ほどが生産され、Verbandführerschule des G.d.J. と Stab./JG300 および II./JG300 に配備された。
Unidentified He111 and Fw 190 D-11, W. Nr. 220017, 'White << - + ', Verbandsführerschule des General der Jagdflieger, Bad Wörishofen

169. Fw 190 D-11「白 << －＋」の後ろに遺棄されていた He111
　　詳細不明の He111。Verbandführerschule des G.d.J. の連絡用に使用された機体だろうか。
　　画面左端に「白 << －＋」の尾翼が見え、製造番号の下三桁「017」が確認できる。
　　Unidentified He111, Bad Wörishofen

170. 右上方から見た Fw 190 D-11「白 << －＋」
　　独特な機首断面、過給器エアインテークの形状がよく分かる。
　　Fw 190 D-11, W. Nr. 220017, 'White << - + ', Verbandsführerschule des General der Jagdflieger, Bad Wörishofen

171. Verbandführerschule des G.d.J. 所属の Fw 190 D-11 「白＜61 ＋」 製造番号 220014　バート・ヴェリスホーフェン
この D-11 の機体側面と下面は、胴体側より尾翼ユニットの方が薄く塗装されている。
主翼付け根前縁には、白地に機体番号の「61」が記入されている。
Fw 190 D-11, W. Nr. 220014, 'White ＜61 ＋ ', Verbandsführerschule des General der Jagdflieger, Bad Wörishofen

172. Fw 190 D-11 「白＜61＋」の尾部
クローズアップ写真では、パネルラインを埋めた下地が透けて見えている。
写真内のコメントは「1945年の尾部銃座手用最新制服」（これは嫌味／
ジョークで書かれているかもしれない）。次の見開きに、コメントが記され
た一連のプライベート写真をまとめて掲載した。
Tail of the Fw 190 D-11, W. Nr. 220014, 'White < 61 + ', Bad Wörishofen

173.「爆発しなければいいなあ」 バート・ヴェリスホーフェン
　もちろん、またがっているのは爆弾ではなく、落下式の増加燃料タンクである。
Drop tank and the Bf 109 G, Bad Wörishofen

174.「一丁上がり！」 バート・ヴェリスホーフェン
　14./JG 53所属のBf 109 G-14/AS または G-10「黒30＋〜」。
Bf 109 G-14/AS or G-10, 'Black 30', Bad Wörishofen

175.「機首にて」 バート・ヴェリスホーフェン
Bf109 G の機首先端。
Nose of the Bf 109 G, Bad Wörishofen

176.「これがいったい何なのか分からないよ」
Bf109 G の DB605A エンジン。
DB605A of the Bf 109 G, Bad Wörishofen

177.「何かにぶつかったに違いないぞ」
バート・ヴェリスホーフェン
この Bf 109G は主車輪を外されていない。
Bf 109 G, Bad Wörishofen

178.「じゃ、歩こうか」 バート・ヴェリスホーフェン
Bf 109 G のコクピット廻り。機体番号の頭の桁は
人物で隠れているが、「316」だろうか。
Bf 109 G, '3(?)16,' Bad Wörishofen

ドイツ南部 131

179. Verbandführerschule des G.d.J. 所属の Fw 190 D-11 「白 <57 +」 製造番号 220011　バート・ヴェリスホーフェン 「白 << －+」、「白 <61 +」とは別の場所で発見された Fw 190 D-11。胴体着陸の衝撃で右翼はもげてしまっている。
Fw 190 D-11, W. Nr. 220011, 'White <57 + ', Verbandsführerschule des General der Jagdflieger, Bad Wörishofen

180. Fw 190 D-11 「白 <57 ＋」 左側面
*Fw 190 D-11, W. Nr. 220011, 'White <57 ＋ ',
Verbandsführerschule des General der Jagdflieger,
Bad Wörishofen*

181.

181-182. **Fw 190 D-11 「白 <57 ＋」 左右側面**
この機体も「白 << ー ＋」と同様に、主翼フィレット後端のパーツは未塗装のまま装着されている。
Fw 190 D-11, W. Nr. 220011, 'White <57 + ', Verbandsführerschule des General der Jagdflieger, Bad Wörishofen

182.

183.

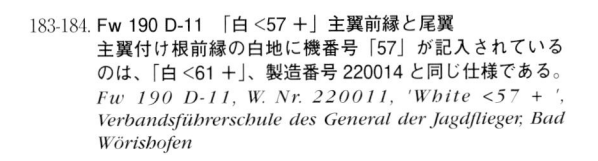

183-184. Fw 190 D-11 「白 <57 +」主翼前縁と尾翼
主翼付け根前縁の白地に機番号「57」が記入されているのは、「白 <61 +」、製造番号 220014 と同じ仕様である。
Fw 190 D-11, W. Nr. 220011, 'White <57 + ', Verbandsführerschule des General der Jagdflieger, Bad Wörishofen

184.

185. Fw 190 D-11「白〈57 +」の Jumo213F エンジン
大型化された過給器、Ta 152 と共通の主エンジン架が確認できる。
Jumo213F of the Fw 190 D-11 'White <57 + ', Bad Wörishofen

186.

186. Fw 190 D-11「白〈57 +」のコックピット
世界初公開となる Fw 190 D-11 のコックピット。ひどく荒らされて計器類はほとんど取り外されている。計器盤上部に設置されている弾数計の形状は、これまで知られているものとは異なるようだ。
Cockpit of the Fw 190 D-11 'White <57 + '

187. Fw 190 D-11「白〈57 +」のラジエターカウル
Radiator cowling of the Fw 190 D-11 'White <57 + '

187.

周辺諸国
Neighboring nations
(Italy, Denmark, France, Austria)

188. 所属不明のFw 190 F-8　製造番号933489　デンマーク　ヴァンデル
Fw 190 F-8, W.Nr. 933489, Vandel, Denmark

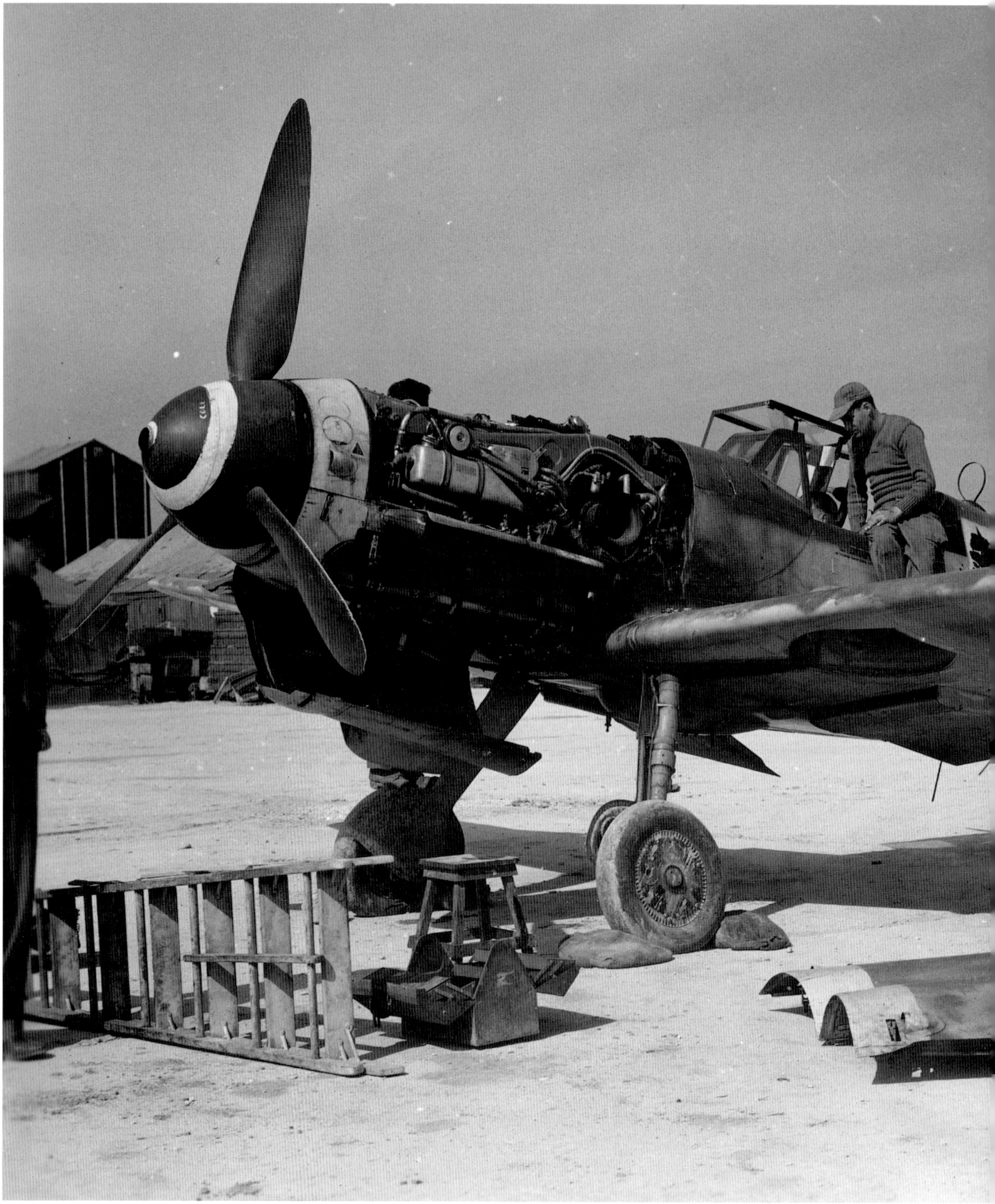

189. クロアチア空軍所属の Bf 109 G-14/AS 「黒 4 ＋」
イタリア　シチリア島ファルコナラ
1945年4月16日にファルコナラ（Falconara）飛行場に飛来、投降したBf 109 G-14/AS。南イタリアの陽光の下、主翼下面のディテールまで捉えられた素晴らしいカットである。取り外され、地面に置かれたエンジンカバーの、大型化された過給器をクリアするための膨らみの形状がよく分かる。
Bf 109 G-14/AS, 'Black 4 + ', Croatian Air Force, Falconara, Sicily

190.

191.

190-191. クロアチア空軍所属の Bf 109 G-14/AS 「黒 4 +」
イタリア シチリア島ファルコナラ
斜め後方からのカットにより、主翼上面の国籍標識の形状が把握できる。本機はのちに基地を訪れたポーランド義勇空軍第318飛行隊のパイロットに「ウイスキーの瓶 1 本」と交換で譲り渡され、イギリス空軍の標識に塗り替えられている。
Bf 109 G-14/AS, 'Black 4 + ', Croatian Air Force, Falconara, Sicily

192. 1./NSGr. 9 所属の Fw 190 F-9 「黒 E8 + MH」 製造番号 440323
イタリアのヴィツェンツァ飛行場で発見された機体。
Fw 190 F-9, W.Nr.440323, 'Black E8 + MH', Vicenza, Italy

193.

193-195. 1./NSGr. 9 所属の Fw 190 F-8 「黒 E8 + EH」、製造番号 584562
「黒 E8 + MH」と同じくイタリアのヴィツェンツァ飛行場に遺棄されていた機体。
Fw 190 F-8, W.Nr. 584562, 'Black E8 + EH', Vicenza, Italy

194.

195.

周辺諸国 143

200. 詳細不明の Fw 190　デンマーク　コペンハーゲン
濃密に施された迷彩塗装が目を引く。左翼翼端パーツは未塗装のようだ。
Unidentified Fw 190, Copenhagen, Denmark

196.

197.

201. 所属不明の Fw 190 「黄 11 +」 デンマーク　コペンハーゲン
Fw 190, 'Yellow 11+', Copenhagen, Denmark

199.

196-199. 所属不明の Fw 190 A-8 または A-9 「青（?）5 +｜」 フランス　マクシヌ
GI たちが胴体着陸した Fw 190 に群がり、ポーズを決める。白縁付きの明るい色で記入された機体番号、極太で黒一色のスワスチカが目を引く。写真 199 は同じ部隊の女性隊員二人。
Fw 190 A-8 or A-9, 'Blue(?) 5 + |', Maxine, France

198.

周辺諸国 145

202-203. おそらく JG 27 所属の Bf 109 G-14/AS または G-10　オーストリア　ザルツブルク
プロペラは未塗装。
Bf 109 G-14/AS or G-10, possibly belonged to JG 27, Salzburg, Austria

204-205. 3./JG 27 所属の Bf 109 G-10 「黄 17 ＋」 オーストリア　ザルツブルク
　　　　エルラ社製の、上側面が暗色で塗装された製造番号 15XXXX 番台の Bf 109 G-10。
Bf 109 G-10, W.Nr. 15XXXX 'Yellow 17 + ', 3./JG 27, Salzburg, Austria

206. おそらく JG 27 所属の Bf 109 G-14/AS または G-10　オーストリア　ザルツブルク
後方の Bf 109 G は、国籍標識の直後に JG 27 所属を示す緑色の帯が記入されている。
Bf 109 G-14/AS or G-10, possibly belonged to JG 27, Salzburg, Austria

207. 破壊された Bf 109 G「黒 51」オーストリア　ザルツブルク
後方の双発機は He 111 G だろうか。
Bf 109 G, 'Black 51' and He 111 G(?), Salzburg, Austria

208. 所属不明の Bf 109 G-6 または G-14　オーストリア　ザルツブルク
プロペラに記入された3個の「X」マークの意味は不明。
Unidentified Bf 109 G-6 or G-14, Salzburg, Austria

209. 詳細不明の Fw 190　オーストリア　ヴェルス
写真のコンディションは最悪だが、興味深い被写体である。
胴体国籍標識直後に記入された機体番号（「白31」か？）、
ラダーに記入された「黒（?）91」が目を引く。
Unidentified Fw 190, Wels, Austria

210. 所属不明のFw 190 A-8 (?) 「白12＋ー」
Unidentified Fw 190, 'White 12 + ー'

211. NJG 11（？）所属の Bf 109 K-4 「白5＋」
排気管に防炎カバーを追加した夜間作戦仕様の機体。全面を RLM76 で塗装し、その上から RLM75 と RLM83 のモットリングを施している。右翼上面の迷彩パターンと主翼上面の国籍標識のスタイルが確認できる。
Bf 109 K-4, 'White 5 + ', NJG 11(?)

撮影地不詳 153

212.

212-213. 所属不明の Me 262 A-1a/U3 「白2?」
Me 262 の迷彩には単色、スプリンター、モットリングなど様々なパターンがあるが、この機体には蛇行迷彩が施されている。鮮明な写真は蛇行迷彩の濃淡を良くとらえており、下面色の上に2色を用いて迷彩したことが示唆される。スワスチカの記入スタイルも珍しい。写真211から215はアメリカ軍兵士が撮影した一連の写真。
Me 262 A-1a/U3 'White 2?'

213.

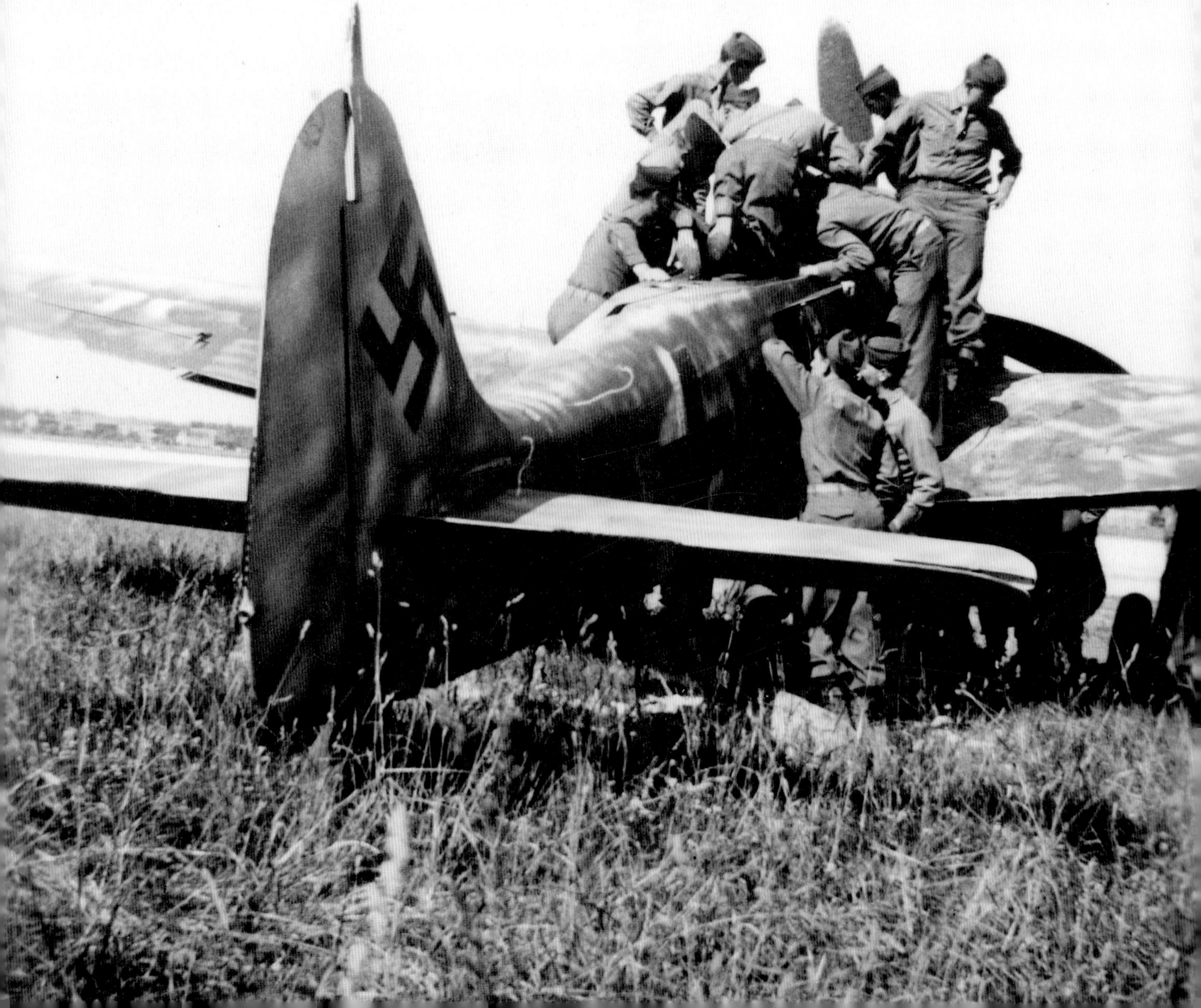

215. 所属不明の He 219 A
「ウーフー (Uhu)」双発夜間戦闘機の胴体後部。垂直尾翼に「104」(製造番号の下三桁?)と記入されている。He 219 はハインケル社が開発した夜間戦闘機で、250機ほどが生産された。
Unidentified He 219 A 'Uhu'

214. 所属不明の Fw 190
全面 RLM76 の機体に、濃密なモットリングを施したように見える。写真211の Bf 109 K-4「白5＋」と同様、夜間作戦仕様の機体だろうか。
Unidentified Fw 190

216. Me 262 A-1a/U4 「白 V083」
機首に大口径の機関砲を装備した対爆撃機仕様の Me 262。レヒフェルト（Lechfeld）で鹵獲された直後の撮影だろうか。
良好な撮影コンディションの下、脚柱や牽引バーなどのディティールが見事に捕らえられたカットである。
機首上面に設けられた MK214 50mm 機関砲のアクセスハッチにはラッチ式ファスナーが設けられておらず、
2本のベルトとビスで固定されている。主翼下面は未塗装のようだ。
Me 262 A-1a/U4, 'White V083'

217. III./EJG 2 所属の Me 262 A-1a 「白 2」 製造番号 170071
Erich Hohagen（エーリヒ・ホハゲン）少佐と Hermann Buchner（ヘルマン・ブフナー）曹長も搭乗した歴戦の機体。
RLM74／75／76 によるグレー系の迷彩塗装が施されていたことが確認されている。
Me 262 A-1a, W.Nr 170071, 'White 2', III./EJG 2

218. 詳細不明の Ta 154 A-4
二重露光の写真でディティールを読み取ることが困難だが、明らかに Jumo 213 エンジンを搭載した機体である。
画面左端、胴体延長部が確認できる。
Unidentified Ta 154 A-4

219. Ar 234 B-2　製造番号 140148 または 140343
アメリカ陸軍航空隊のドイツ機回収部隊、ワトソンズ・ウィザード（Watson's Wizards）による空輸の途中、
フランス国内で撮影されたと思われる写真。アラド（Arado）社が開発した Ar 234「ブリッツ（Blitz）」は、
世界で最初の実用ジェット爆撃機となった。
Ar 234 B-2, W.Nr. 140148 or 140343

220. 詳細不明の Fw 190 A-8 または A-9
イタリア戦線で撮影されたと思われる大判ネガからの写真。
Unidentified Fw 190 A-8 or A-9

221. 所属不明の Fw 190 A-4「白 4 +」 製造番号 142354
1942 年 8 月から 1943 年 8 月の間に、AGO 社オシャースレーベン（Oschersleben）工場で生産された機体。
AGO-built Fw 190 A-4, W.Nr. 142354, 'White 4 + '

222. AGO 社で生産された Fw 190 A-8
単純化された迷彩塗装とマーキング、未塗装の主翼下面、主翼下面前縁まで回りこんだ上面色、
暗色で塗装された主脚カバーなど、最末期に生産された機体の特徴が把握できる。
完成機と見られるが、製造番号は記入されていない。
Unidentified AGO-built Fw 190 A-8

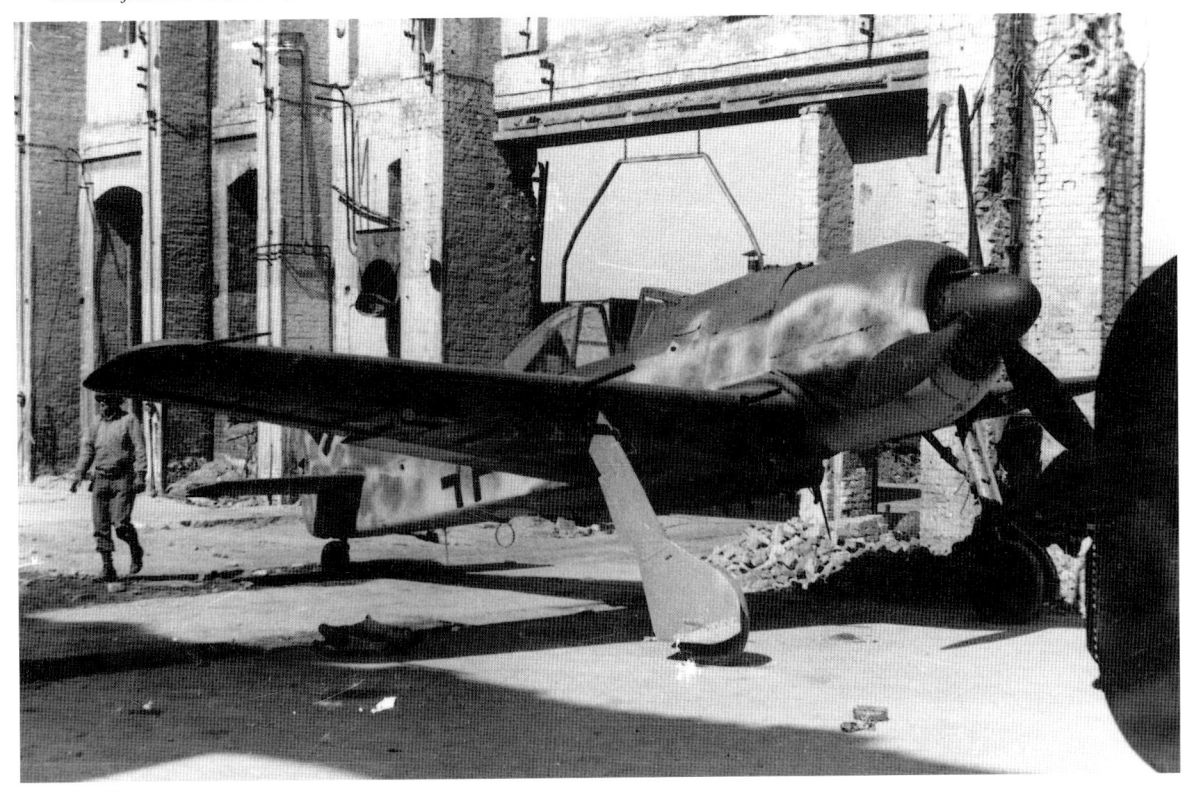

223. AGO 社で生産された Fw 190 A-8
工場の敷地内で鹵獲された完成機。
Unidentified AGO-built Fw 190 A-8

224.

225.

224-225. 所属不明の Fw 190 F 「黒 25 +〜」
A-5 の胴体に F-8 の主翼を組み合わせた機体。
胴体下面ラックは取り外されている。
Unidentified Fw 190 F, 'Black 25 + ~'

226. 所属不明の Fw 190 F-8　製造番号 586149
アラド社ヴァーネミュンデ（Warnemünde）工場製の機体。製造番号の記入スタイル、
特異な形状の胴体国籍標識が目を引く。
Unidentified Arado-built Fw 190 F-8, W.Nr. 586149

227. 所属不明の Fw 190 A-9　製造番号 205232
胴体着陸により大破した Fw 190 A-9。大戦末期の資材不足を
受けて開発された木製フラップを装備していることが分かる。
Unidentified Fw 190 A-9, W.Nr. 205232

228-230. 所属不明の Fw 190 F-8 または F-9 と F-8
写真 300-301 は所属不明の Fw 190 F-8
または F-9「黒 2 ＋」。機首とラダーが黄色
で塗装されており、Luftflotte 4 編制下の部
隊に所属していたことが分かる。脚カバー
に施された迷彩塗装が目を引く。写真 300
は「黒 2 ＋」と同じ場所で撮影された F-8。
*Unidentified Fw 190 F-8 or F-9, 'Black 2 +
'and Unidentified Fw 190 F-8*

231. 詳細不明の Fw 190
　頑丈に作られた Fw 190 の鋼鉄製ウインドシールド・フレームが、転倒時のパイロット保護材を兼ねた設計であることが良くわかる写真。細く、ルーズに巻かれたスピナーのスパイラルは、JG 6 所属機である可能性を示唆している。
Unidentified Fw 190

232. 詳細不明の Fw 190
残念ながら機体番号は読みとれない。
Unidentified Fw 190

233. 所属不明の Fw 190 A-8　製造番号 171717
フランス国内で撮影された写真と思われる。
Unidentified Fw 190 A-8, W.Nr. 171717

234-235. 所属不明の Fw 190 F-8 「黄7＋｜」
機首とラダーが黄色で塗装された第4航空艦隊編制下の部隊の所属機。
Unidentified Fw 190 F-8, 'Yellow 7 + |'

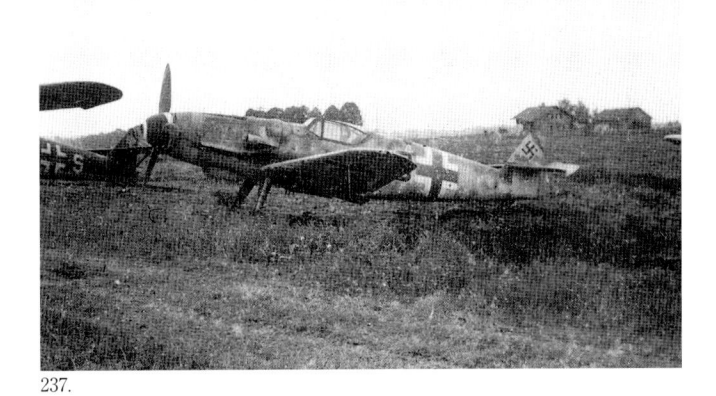

236. 所属不明の Fw 190（形式不明）　識別記号「BU+？？」
Fw 190 F-8「黄7＋｜」と同じ場所で撮影された機体。
Fw 190, 'BU + ??'

237. 所属不明の Bf 109 G-6 または G-14 「黒3＋」
機首先端部とラダーは黄色で塗装されているようだ。
Bf109 G-6 or G-14, 'Black 3 + '

238. 所属不明の Bf 109 G-6/AS「黄 20 + |」
製造番号 165480
Bf 109 G-6/AS, W.Nr. 165480, 'Yellow 20 + |'

239-240. 詳細不明の Bf 109 G-6 または G-14
おそらくフランス国内で撮影された写真。
機首下面は黄色に塗装されている。
Unidentified, Bf 109 G-6 or G-14

241-242. 所属不明の Bf 109 G-6 または G-14 「青（?）51 +」
訓練部隊に配備された機体だと思われる。
Unidentified, Bf 109 G-6 or G-14, 'Blue(?) 51 + '

241.

242.

撮影地不詳 169

243. 1./JG 27 所属の Bf 109 G-6 または G-14 「白 15 ＋」
胴体に JG 27 所属を示す緑色の帯が記入されている。
アメリカ軍支配下の飛行場を目指して飛来し、胴体着陸した機体だろうか。
Bf 109 G-6 or G-14, 'White 15 + ', 1./JG 27

244. NAGr. Bromberg 所属の Bf 109 G-6/R2 「青（？）4　N5 ＋ D ？」
MW50 出力増強装置を装備した偵察戦闘機型 G-6 の全景を捉えた珍しい写真。
Bf 109 G-6/R2, 'Blue(?) 4 N5 + D?', NAGr. Bromberg

245. 詳細不明の Bf 109 G-14/AS
主翼下面の国籍標識は黒十字に白縁付き、胴体はグレーの十字に白縁が付くタイプ。
スワスチカのない垂直尾翼が興味深い。
Unidentified, Bf 109 G-14/AS

246. 詳細不明の Bf 109 G-14/AS
あまり例を見ないスピナーの塗り分けに注意。コクピットから二つに折れているのは、ドイツ軍が撤退時に手榴弾で爆破したためだろう。DB605ASエンジンの大型化したスーパーチャージャーと、これをクリアするために湾曲した支持架が良くわかる。主車輪には Bf 109 G-14/AS に標準の（G-6までと同じ）660mm × 160mm タイプではなく、660mm × 190mm サイズ低圧タイヤを装備していることから、主翼上面のタイヤバルジも大型のものとなっているはずである。
Unidentified, Bf 109 G-14/AS

247.

248.

249.

250.

247-248. 3./JG 4 所属の Bf 109 G-14/AS 「黄 8 +」
機番号「8」の上とその右にそれぞれ三角形のマークと外部電源接続のステンシル、
さらに胴体後部に黒／白／黒の本土防空識別帯が確認できる一方で、
フラップ上面には「Nicht betreten（踏み込むな）」の注意書きは見えない。
Bf 109 G-14/AS, 'Yellow 8 + ', 3./JG 4

249-250. 詳細不明の Bf 109 G-14/AS　製造番号 785979
メッサーシュミット社レーゲンスブルク工場製の G-14/AS。
Unidentified, Bf 109 G-14/AS, W. Nr. 785979

251. 所属不明の Bf 109 G-10/R6 「白 15 ＋」 製造番号 15087?
グレー系の迷彩塗装が施されたエルラ社製の G-10。
この機体は 660mm × 160mm サイズの主車輪を装備している。
Erla-built Bf 109 G-10/R6, W.Nr. 15087?, 'White 15'

252.

252. JG 300 所属の Bf 109 G-10/R6 「黄 7 ＋」
写真 253「黒 7 ＋」とほぼ同時期に生産されたと思われる有名な機体。上側面全体を暗色で塗装されたエルラ社製の G-10 である。「黒 7 ＋」と比較すると、尾輪とスワスチカ（この機体は白縁のみのタイプ）が異なり、エンジンカバーおよびオイルクーラーカバーはグレー系で塗装された機体のものと交換されているが、スピナ直後のオイルタンクカバーはオリジナルのままと見られることから、この部分は黒色に塗装されていたのではなく、機体上面色であるグリーン系であることが分かる。
Erla-built Bf 109 G-10/R6, 'Yellow 7 + ', JG 300

253. 2./JG 27 所属の Bf 109 G-10/R6 「黒 7 ＋」 製造番号 1523?3
胴体に JG 27 所属を示す緑色の本土防空識別帯が記入されたエルラ社製の G-10/R6。最末期に生産された機体で、下面まで暗色で塗装された機首、未塗装の主翼下面などの特徴が見てとれる。最末期の生産機にもかかわらず、延長尾輪は装備されておらず、垂直尾翼のスワスチカも黒地に白縁のオーソドックスなタイプ。
Erla-built Bf 109 G-10/R6, 'W.Nr. 1523?3, 'Black 7 + ', 2./JG 27

254. 13./JG 301 所属の Bf 109 G-10/R6「白 6 ＋」、製造番号 15????
上側面全体を写真 252、253 の機体と同様に暗色で塗装されたエルラ社製の G-10。
Erla-build Bf 109 G-10/R6, W.Nr. 15????, 13./JG 301

253.

254.

撮影地不詳

255.

258.

256.

259.

257.

260.

255-257. 所属不明の Bf 109 G-10/R6　製造番号 15???7
グレー系の迷彩塗装が施されたエルラ社製の G-10 だが、写真 251 の機体とは異なる 660mm × 190mm サイズの大型主車輪を装備している。
Unidentified Erla-built Bf 109 G-10/R6, W.Nr. 15???7

258-260. 所属不明の Bf 109 G-10/R6 「黒 2 ＋」 製造番号 15????
やはりグレー系迷彩のエルラ社製 G-10。写真では機首のオイル注入口位置と、機首の断面形が良く分かる。
Unidentified Erla-built Bf 109 G-10/R6, W.Nr. 15????, 'Black 2 + '

261. 14./JG 53 所属の Bf 109 K-4 「黒 15 ＋〜」 製造番号 332579
ミュンヒェン近郊のホルツキルヒェン（Holzkirchen）で
鹵獲されたといわれている機体。
Bf 109 K-4, W.Nr. 332579 'Black 15 + ~', 14./JG 53

262. 1./JG 4 所属の Bf 109 K-4 「白 4 ＋」 製造番号 331413
オリジナルは 35mm コンタクトからの一コマ。
この機体はアメリカ軍の撮影によるカラー動画が残されている。
Bf 109 K-4, W.Nr. 331413 'White 4 + ', 1./JG 4

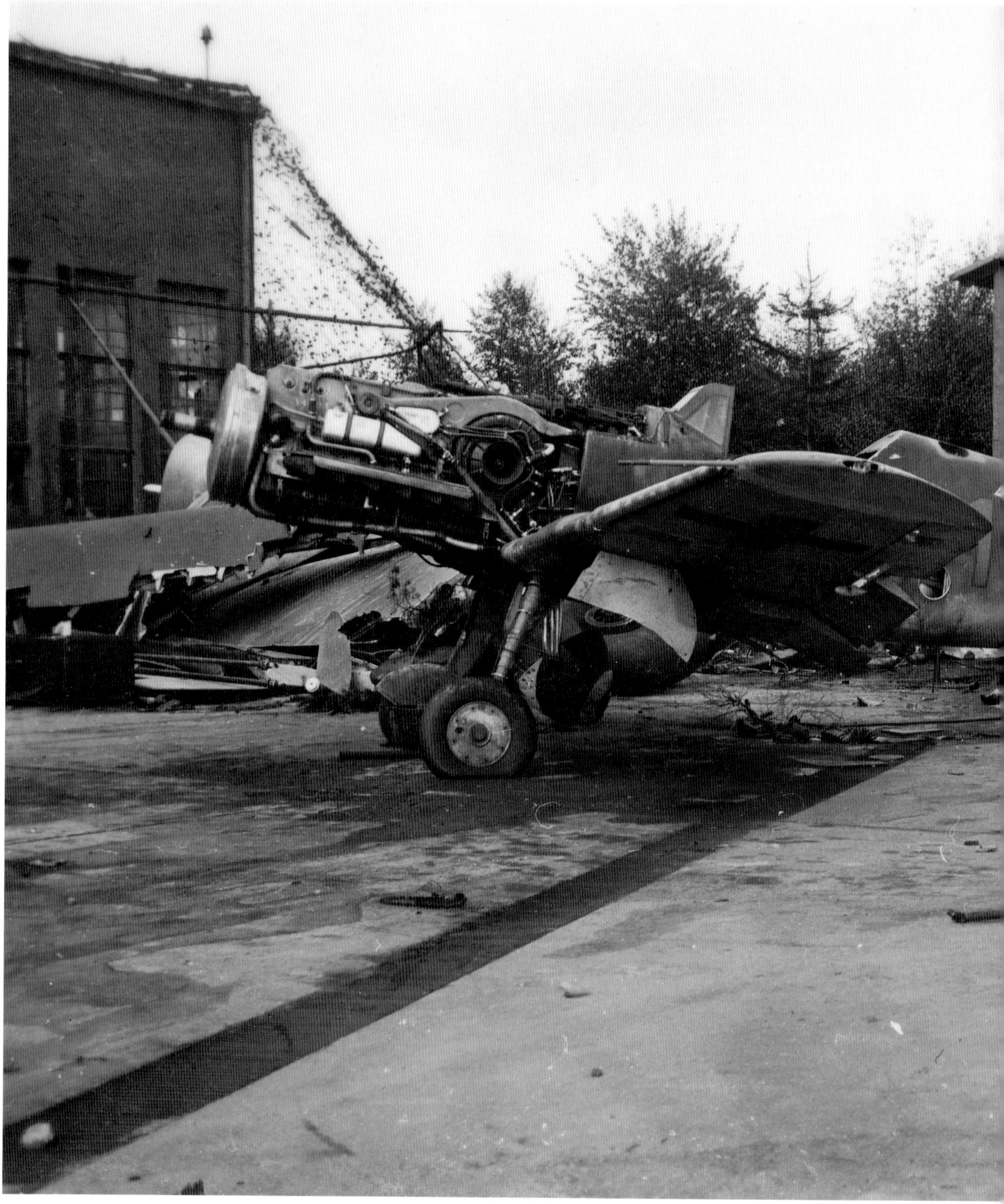

263. 11./JG 27 所属の Bf 109 K-4 「黄 1 ＋ │」
引き込み式延長尾輪とその開閉式扉、外側主脚扉を装備した「フルスペック」のK-4を捉えた鮮明な写真。製造番号は記入されていない。これまでに確認されているK-4の多くは外側主脚カバーを装備せず、尾輪カバーを閉じたまま固定しており（短い尾脚の機体もある）、写真のように本来の仕様を満たした機体はむしろ珍しい。その一方で不思議なことに、胴体第1・第2フレーム間にK型では廃止された円形ハッチが設けられている。
Bf 109 K-4, Yellow 4 + |', 11./JG 27

大戦末期のフォッケウルフFw190と、メッサーシュミットBf109

阿部孝一郎　Koichiro ABE

Fw190が搭載した空冷BMW801エンジン

　フォッケウルフFw190A-1は空冷二重星型14気筒のBMW801C-1エンジンを搭載し、Fw190A-2はマグネートーなどを変更した801C-2に換えたが、Fw190A-3以降の各型は出力が増大したBMW801D-2を搭載した。

　801Cのボアとストロークは156㎜で等しく、総排気量は41.8リッターだった。圧縮比は6.5で、燃料は気化器を使わずに直接シリンダー内に噴射する方式を採用していた。1段2速の遠心式過給機をエンジン後部に備え、インペラー（翼車）の直径は330㎜、過給機駆動歯車のクランク軸回転数に対する増速比は低空用が5.07倍、高空用は7.47倍だった。プロペラ軸減速比は0.542で、エンジン前面に12枚羽根の強制冷却ファンを備えており、増速歯車によりクランク軸回転数の1.72倍で駆動したため、プロペラ軸回転数の3.17倍に相当する。スロットル・レバーの操作だけでブースト圧、燃料噴射量、点火時期、過給機駆動歯車の切換、プロペラ・ピッチ角などを最適制御するため、コマンドーゲレート（Kommandogerät）と呼ばれる制御装置をエンジン後部に装備していた。801Cは87オクタンのB4燃料を燃焼させ、離昇出力は1,550PS／2,700rpm／1.32気圧、1速の臨界高度900mでは最大出力1,600PS／2,700rpm／1.32気圧、2速の臨界高度4,600mでは最大出力1,380PS／2,700rpm／1.32気圧を発生した。

　801Dは801Cのピストン頭頂部を少し膨らまして圧縮比を7.2に引き上げ、ノッキング防止のため95～100オクタンのC3燃料を使った。過給機駆動歯車の増速比を低空用は5.31倍、高空用は8.31倍に改め、更に許容最大ブースト圧を1.42気圧に引き上げて10～16%程度の出力向上を実現した。801Dが実用化された1941年11月時点の公称出力は、離昇出力が1,705PS／2,700rpm／1.42気圧で、1速の臨界高度600mでは最大出力1,730PS／2,700rpm／1.42気圧、2速の臨界高度5,700m

では最大出力1,440PS／2,700rpm／1.42気圧という性能だった。半年余りあとの1942年7月には少し出力が向上し、離昇出力は1,800PS／2,700rpm／1.42気圧、1速の臨界高度650mでは最大出力1,820PS／2,700rpm／1.42気圧、2速の臨界高度5,700mでは最大出力1,490PS／2,700rpm／1.42気圧を発生した。

BMW801D搭載のFw190後期型の緊急出力増大装置

1944年8月中旬までに量産されたFw190はBMW801D-2を搭載したが、8月下旬からはBMW801TUが導入された。また、7月以降量産されたFw190A-8の一部は緊急出力増大装置を装備していた。

この緊急出力増大装置は、計器盤下の赤いノブを引くと801D-2のコマンドーゲレートの機能に優先してスロットル弁が大きく開かれ、臨界高度までの間で最大ブースト圧を過給機駆動歯車の1速では1.42気圧から1.58気圧へ、2速では1.65気圧へそれぞれ引き上げ、最大約200PSの出力増加をもたらすシステムだった。これは飛行中にスロットルが最大出力位置にある場合だけ使えたが、エンジン過熱の恐れから10分間の連続使用制限が設けられていた。このシステムを装備した機体を識別するため、MG131ガン・カバーの左後部には黄色い小さな輪のマーキングが記入されていた。

これとは別に、1943年8月以降量産されたFw190F、Gの多くは、計器盤下の赤いノブを引くと801D-2の過給機左側入口にC3燃料を噴射して吸気冷却すると同時に、ブースト圧も1.65気圧に引き上げて出力増加をもたらす装置を装備していた。燃料噴射によるこの出力増強装置は高度1,000m以下の低空でのみ使用が許されており、離昇出力は約300PS増加した。しかし、1944年

9月以降に量産されたFw190F-8では、燃料噴射出力増強装置の代りに前述の緊急出力増大装置を装備した。

BMW801TUエンジン

801D-2に発電機などの各種補機類やエンジン支持架、排気管からオイル・クーラー、オイル・タンク、カウリングまでも組み付け、調整も完了してFw190A-8、F-8へ搭載可能な状態ではF600型動力装置と呼ばれたが、重量は約1,485kgに達した。F600型に緊急出力増大装置を併用した場合のエンジン過熱をある程度軽減させるため導入されたのがBMW801TUであり、BMW801TS用に開発された冷却能力の向上したオイル・クーラーなどを流用していた。従って、801TUを搭載したA-8、F-8では緊急出力増大装置も装備していた。

オイルによるピストン裏面からの冷却はエンジン全体の冷却において無視できない比重を占めており、オイル冷却系の強化はエンジンの過熱をある程度防ぐ効果がある。そのため、801TUのオイル・タンクは容量がF600型より3リッター増加し、オイル・クーラーは従来の9-6125B型から冷却性能が向上した9-6196B1型に交換された。板厚6.5mm、5.5mmからそれぞれ10mm、6mmに強化されたオイル・クーラーとオイル・タンクの防弾鋼板もF600型とは異なる。801TUの総重量はF600型より約35kg増加したが、そのうち防弾装備の増加分は約28kgだった。

外観は大型化したオイル・クーラーの防弾リングとカウリング下面の従来より約30cm前進したオイル・タンク・ベントなどでF600型と識別でき、アメリカの国立航空宇宙博物館（NASM）が保有しているFw190F-8／R1（製造番号931884）は801TUを搭載している。

出力向上した
BMW801TSの導入

Fw190A-8、F-8のエンジンをBMW801D-2より出力の向上したBMW801TSに換装したのがFw190A-9、F-9である。量産は1944年9月から始まり、フォッケウルフ社コットブス工場では製造番号200000番台のA-9が600機以上完成した。ヴィスマルの北ドイツ・ドルニエ社でも製造番号980000番台のA-9が100機以上量産された。A-9は他にヴェーザー社アスラウ工場で製造番号490000番台、AGO社オシャースレーベン工場で製造番号560000番台、エアフルトのミメタル社で製造番号750000番台がそれぞれ数十機程度完成した。一方F-9は、アラド社ヴァーネミュンデ工場で製造番号420000番台が300機程度量産され、北ドイツ・ドルニエ社でも製造番号440000番台が数十機程度完成した。

しかし、冷却フィンの間隔が狭まったシリンダーなど801TSの製造上の困難から全面的に量産を切り換えることができず、A-8、F-8も並行して量産された。

801D-2の出力向上型として期待されていた801Eとその改良型801Fの開発遅延により、それらが実用化するまでの過渡的な処置として、801E用に開発された構成部品の一部を801D-2に流用したのが801S-1である。補機類やオイル・クーラー、カウリングなどを組み付け、Fw190に搭載可能な状態では801TSと呼ばれた。結果的に801E、801Fが量産には至らなかったため、801TSはFw190に搭載されたBMW801エンジンとしては最終型となった。

801Eからの流用部品は、強度を引き上げただけでなく構造を簡略化したクランク軸、耐久性向上のためクローム・メッキを施した排気弁、シェル型鋳物を採用して冷却フィンの間隔を狭め内壁をクローム・メッキしたシリンダー、ガイド・ベーン形状が変更され圧力損失の減った過給機、増速比を引き上げた過給機駆動歯車などである。過給機駆動歯車は低空用のみ増速比を801D-2の5.31倍から6.0倍に引き上げ、冷却能力向上のため強制冷却ファンの枚数を14枚に増やした。また、従来型よりも機能を限定しFw190専用に特化したコマンドーゲレートを装備した。従来は途中で合体していた9番、10番シリンダーからの排気管が801TSでは分離して独立した排気口を備えており、801TUと共通の潤滑系統を装備していた。801TSの重量はF600型より約95kg増加し、約1,580kgとなった。

801TSはC3燃料を使い、離昇出力は2,000PS／2,700rpm／1.65気圧に達し、1速の臨界高度1,250mでは最大出力2,050PS／2,700rpm／1.65気圧、2速の臨界高度5,750mでは最大出力1,700PS／2,700rpm／1.65気圧を発生した。主に過給系の改良により、高度6,000m以上ではおおむね150〜200PSの出力向上を実現した。1945年2月中旬以降は、最大ブースト圧を1.82気圧に引き上げることで離昇出力を2,200PS／2,700rpmに増大させた801TSが少数供給された。

BMW801搭載のFw190に装着されたVDM定速プロペラ

BMW801を搭載したFw190の量産型には、直径3.3mで3枚羽根のVDM社製定速プロペラが装着された。VDM定速プロペラは遊星歯車と歯車列を使い羽根のピッチ角を変更する機械式のピッチ角変更機構を備えていた。BMW801に装着し、コマンドーゲレートによる通常制御では油圧モーターをピッチ角変更の動力源としたが、パイロットが手動で変更する場合には直流モーターを動力源に使った。VDM定速プロペラを装着した

Fw190では、プロペラの70%半径におけるピッチ角を表示するピッチ角計が副計器盤に装着されていた。ピッチ角計は他に例を見ないユニークな計器だが、時計と同じく12等分された目盛盤に長針と短針を使ってピッチ角が表示され、表示は10分がピッチ角約1度の変化に対応していた。

BMW801Cを搭載したFw190A-1、A-2はジュラルミン製羽根のVDM9-12067Aプロペラを装着した。70%半径における羽根幅は305mmで、スピナーを含む総重量は約176kgだった。ピッチ角が25度のときピッチ角計表示は12時30分となるよう設定され、ピッチ角は25度～51.5度の範囲で可変したが、これは12時30分～8時5分のピッチ角計表示に対応した。801Dを搭載したFw190A-3以降もやはり9-12067Aを装着し、ピッチ角25度のピッチ角計表示は12時35分に変更されたが、ピッチ角可変範囲は変らなかった。

1944年春以降は新たに2種類のプロペラ、VDM9-12153BとVDM9-12176Aが導入された。9-12153Bの羽根はジュラルミン製で、付根部分に釣り合い錘りをボルト止めしており、それを除くと羽根形状は9-12067Aとほぼ同じだった。回転中の定速プロペラの羽根には、遠心力によるピッチ角を減らす向きのモーメントと空気の反力によるピッチ角を増やす向きのモーメントが合成されて加わっており、通常はピッチ角を減らすモーメントの方が大きいがエンジンの運転状況によって変化する。羽根に釣り合い錘りを追加してモーメントを平均化してやれば、ピッチ角変更速度を速く、あるいは変更に要する動力を減らすことができる。こうした考えから釣り合い錘りを付けた9-12153Bでは、錘りがスピナーの外側に露出していた。Fw190DやTa152Hなどに装着されたユンカース社製のVS111、VS9プロペラでは始めから錘りを装着した設計であり、スピナーの内側に錘りを収めていた。

9-12176Aは戦略物資を節約するため、VDM社製定速プロペラには珍しい強化木製の羽根を使った。木製羽根は金属製羽根ほど薄く作れないため、推進効率を低下させないように羽根幅は広くなった。このためプロペラ付根も太くなり、プロペラ中心は9-12067Aより20mm前進し、スピナーを含む総重量は4kgほど増え約180kgとなった。1944年に入ってから少数のFw190A-6、A-7には強化木製羽根だが直径3.5mのVDM9-12157H3が試験的に装着された。そうした機体ではプロペラ先端と路面との間隔を確保するため、重量軽減を目的に武装の一部が撤去されていた。

金属製羽根を使った9-12067Aと9-12153Bの間には完全な互換性があったが、9-12176A装着の場合にはピッチ角変更機構の基準設定値を修正する必要があった。離昇出力2,000PSのBMW801TS搭載機では、9-12067A

と9-12153Bはピッチ角25度のときピッチ角計表示が12時40分に設定され、9-12176Aではピッチ角25度のとき12時25分に変更された。離昇出力2,200PSの801TSを搭載し、9-12067Aあるいは9-12153Bを装着した場合には、ピッチ角25度のときのピッチ角計表示を12時50分に変える必要があり、ピッチ角可変範囲は27度〜51.5度だった。一方、9-12176Aを装着した場合はピッチ角25度のピッチ角計表示は12時30分で、ピッチ角は25度〜51.5の範囲で可変した。

ユンカースVSプロペラ

Fw190DやTa152Hなどに装着されたVSプロペラは、ユンカース社発動機製造部が開発・製造した定速プロペラである。VS2以降はいずれも油圧により駆動される歯車型オイル・モーターをピッチ角変更の動力源としたが、ピッチ角変更機構の違い、エンジンの出力規模に応じた取付フランジの形状と寸法、羽根枚数、羽根材質などで区分したシリーズ名である。VDMプロペラとは異なり、それだけで特定のプロペラ型番を意味するものではなく、羽根形状からどのVSプロペラかを推測するのはほとんど不可能だった。

強化木製3枚羽根のVS11は多発機向けに開発されたため、VSプロペラとしては初めてフル・フェザリングが可能となったが、これを基により大出力の1,700〜2,000PS級エンジンに適合するようにハブの構造を強化したのがVS111である。適合するエンジンはJumo213Aだけで、取付フランジの寸法等が異なるためJumo211には使えなかった。VS9はモーター・カノン装備に対応できるようにVS111のピッチ角変更機構を改めたプロペラであり、適合エンジンはJumo213C、213E、213Fの3種類のみ。

Fw190D-9に装着されたVS111は直径3.5m、羽根の70%半径における幅は約403mmの強化木製3枚羽根を装着し、70%半径におけるピッチ角可変範囲は28〜89度だった。羽根の型番は9-27011A、スピナーを含むプロペラ全体の型番は9-21041A-1で、スピナーを含む総重量は約238kgもあった。

Fw190D-11〜D-13が使ったVS9は直径3.6m、70%半径における羽根幅は約440mmに広がり、70%半径におけるピッチ角可変範囲は26〜91度、羽根の型番は9-27012Cだった。D-12、D-13用のVS9はスピナーを含むプロペラ全体の型番が9-21036B-1で、総重量は約250kgに達した。モーター・カノンを装備しないD-11にはブラスト・チューブが付かないが、プロペラ全体の型番に変わりはなかった。

同じVS9でもTa152B、E、Hが使ったのはプロペラ全体の型番が9-21036C-1で、スピナーとプロペラ・ハ

ブは9-21036B-1と共通だった。しかし羽根形状が異なり、直径と70％半径における幅は同じだが先端と付根近くの形状が少し異なる9-27012D型羽根を使用した。これは装備したラジエーター形状の違いにより、Ta152とFw190Dではプロペラ中心からカウリング前縁までの距離が異なっていたこと、GM1併用の有無に起因するエンジン出力特性の違いなどの理由からであった。Ta152が装着したVS9は最大ピッチ角が60度に制限されていたが、恐らくD-11～D-13も同じと思われる。

　VS11以降のピッチ角変更機構は、基本的に単発機用とフェザリング機能が必須の多発機用の区別がないため、単発機には不必要といえるほどピッチ角可変範囲が広かった。また、木製羽根は金属製羽根ほど薄く作れないので、推進効率の低下を食い止めるため幅広の羽根が外観の特徴になっていた。

Fw190のキャノピー構造

　Fw190Aの後方スライド式キャノピーは、胴体のロンジロン（強力縦通材）を兼ねるガイドレールが左右平行に配置されてないため、前部枠中央にヒンジ、プレキシグラス上部前半にもピアノ・ヒンジが組み込まれ、キャノピーを開けた際に撓む構造になっていたことは良く知られている。それでは、一部の後期型に導入された頂部が高くなったキャノピーはどんな構造を採っていたのだろうか。

　頂部が高いキャノピーでは鋼鉄製の前部枠だけにヒンジが組み込まれていた。キャノピーのプレキシグラスは中心線上の枠で左右に分割された2枚構成のように見えるが、実際には左右一体の部品だった。前端からアンテナ張線を引っ掛けるフックの少し前まで切れ目が入っており、切れ目の縁にはU字断面の保護部材が取り付けられ、羽布のような撓み易い材質の帯を保護部材の上下から接着し、切れ目を塞いでいたのである。

Ta152Hのキャノピー構造

　Ta152Hはコクピット内外の最大気圧差が0.23気圧となる等差圧制御方式の与圧式コクピットを装備したため、Fw190後期型と似た形状のキャノピーは複雑な構造を採用していた。

　基本となるキャノピー枠は溶接で組み上げた鋼鉄製で、前部枠だけにヒンジが組み込まれていた。窓ガラスが左右から差し込まれる中央枠は、H字を横にしたような断面になっていた。窓ガラスは内側3㎜厚、外側8㎜厚の2枚の特殊プレキシグラスを6㎜の間隔を空けて接着した二重構造であり、隙間部分の曇り止めに左右各3個の乾燥剤カプセルが内側からねじ込まれていた。左右

の窓ガラスはゴム製パッキングと当て板を介してキャノピー枠にねじで固定されていたが、中央枠に対してはねじで固定せず、ある程度の自由度を持たせるためゴム製パッキングを挿入し溝に差し込むだけという構造を採用していた。

ウインド・シールドと胴体に接するキャノピー枠の縁にはゴム・チューブが埋め込まれており、キャノピーを閉じてから後部に設置された容量1リッターのボンベに収めた最大150気圧の高圧空気を、減圧弁を通して2.5気圧に下げてゴム・チューブを膨らませ隙間を塞いだ。この際にキャノピー下部のフック4本が胴体側のピンに引っかかり、浮きを防ぐ仕組だった。キャノピーを開ける際はあらかじめゴム・チューブ内の空気を排出する必要があり、空気を注入、排出するための弁はキャノピー枠右側に取り付けられていた。高圧空気の注入口はキャノピー後部右側に、空気圧計は左側に設けられた。

シュテンダルで戦後撮影されたTa152H-0 製造番号150007の写真では、Fw190の頂部が高いキャノピーに換えているが、ヒンジを組み込んだキャノピーの基本構造やゴム製パッキング、ゴム・チューブなどの柔軟性、耐久性不足から気密を維持できない不具合が続発し、最後まで克服できずに終わったのである。［書き下ろし］

Bf109Gが搭載した DB605Aエンジン

メッサーシュミットBf109GはG-1からG-8までダイムラー・ベンツDB605Aエンジンを搭載した。DB605は液冷倒立V型12気筒エンジンであり、対向配置された吸気弁、排気弁を共通のカムでロッカー・アームを介して開閉させる、という4バルブSOHC形式を採用していた。DB605AはDB601Eからボア・アップによる排気量拡大、エンジン最高回転数の増大、ブースト圧の引上げ、過給機の大型化などにより全般的な出力向上を実現していた。

Bf109G-6/U2と G-6/MW50

低温で液化させた亜酸化窒素を過給機入口に噴射して高高度でエンジン出力を増大させるGM1出力増大装置は、Bf109では最初にBf109G-3／U2に導入された。それ以来一定数がGM1装備に改造され、1943年末からGM1を装備したBf109G-6／U2が約550機量産された。

G-6は機首上部の武装強化などによる重量増加だけでなく、大きなこぶが付いて空気抵抗が増したことから飛行性能はG-4以前より低下した。その一方、連合軍が繰

り出す新型戦闘機の性能向上は目覚ましく、とりわけマーリン・エンジン搭載のノースアメリカン P-51 が登場した 1944 年春以降、G-6 は苦戦を強いられた。このため相当数の G-6 ／ U2 は、搭載した GM1 システムの亜酸化窒素の代りに水・メタノールの混合液を噴射する MW50 出力増強装置に改造されたが、改造後は便宜的に G-6 ／ MW50 と呼ばれた。

　GM1 が高度 8,000m を超える高空でエンジン出力の増大をもたらすのに対し、MW50 は臨界高度以下の中・低高度で給気冷却により出力を増大させた。

　G-6 ／ MW50 は従来使用していた 87 オクタンの B4 燃料に代わって、95 〜 100 オクタンの C3 燃料を使った。

MW50 を装備した
Bf109G-14

　G-6 ／ U2 から改造された G-6 ／ MW50 とは別に、MW50 に対応して DB605A を改修した 605AM を搭載し、水・メタノール液専用のタンクも装備した G-6 が 1944 年 7 月以降量産された。それらも当初は G-6 ／ MW50 と呼ばれたが、8 月に Bf109G-14 と改称された。G-14 では胴体第 3 フレームの直前に装着した金属製円筒形タンクに 75 リッターの水・メタノール液を収容し、注入口は胴体右側に設けられた。バッテリーは G-6 ／ U2 と同じく、操縦席後部の雑具入れに設置されていた。

高空性能が改善された
DB605AS

　出力増強装置を使わずに高高度におけるエンジン出力を増大させるため、ダイムラー・ベンツ社では DB605A が完成したあとも種々の改良を試みていた。そうした中で最初に実用化できたのが DB603A の大型過給機を DB605A に移植した DB605AS である。605AS の量産は 1944 年 3 月から始まり、エルラ社、ミメタル社、ブローム＆フォス社では G-5、G-6 を改造し、エンジンを 605AS に換えた Bf109G-5 ／ AS、G-6 ／ AS が全部で約 570 機完成した。メッサーシュミット社レーゲンスブルク工場では 5 月から製造番号 160000 番台の G-6 ／ AS の量産が始まり、8 月までに 325 機が完成した。

Bf109K

　Bf109K が立案された時期は 1943 年初頭まで遡るが、量産が始まったのはそれから 1 年半以上もあとである。K 型最初の量産型 Bf109K-4 は結果的に K 型唯一の量産型となるが、MW50 併用の DB605D エンジンを搭載した。K-4 の量産はメッサーシュミット社レーゲンスブル

ク工場以外に、ハンガリーのKÖBでもWNF社の管理指導により予定されていたが、1945年1月にソ連軍がKÖBを占領したため実現はしなかった。メッサーシュミット社では1944年8月下旬から翌年4月上旬までに製造番号330000番台のK-4が約1,600機量産された。

エルラ社では、方向舵のみを操舵するPKS12自動操舵装置とFuG125着陸誘導無線機を追加し、ウインドシールドの防弾ガラスと側面ガラスを霜取りのため電熱ヒーター付きに換えた悪天候用仕様のBf109K-4／R6が1945年2月以降に製作され、製造番号570000番台が少なくとも15機程度は完成したと思われる。エルラ社はその後Ta152H-1／R11の量産に移行する。WNF社とKÖBでもK-4／R6の量産が予定されていたが、K-4と同じく実現はしなかった。

K-4と動力装置が共通の Bf109G-10

Bf109GにDB605Dを搭載して性能改善を目指す計画もK型とほぼ同時期の1943年2月から始まっていたが、動力装置はK型から流用し、エンジン換装に伴う部分以外は605A搭載のG型と同じ仕様にすることで、K型に近い飛行性能の機体が容易に得られるというのがその立案意図だった。605DとMW50を搭載したBf109G-10は、こうした趣旨から「雑種機」（Bastardflugzeug）と呼ばれ、K-4と並行して量産された。

エンジンの量産開始後しばらくはK-4へ優先的に供給されたため、G-10の量産はK-4より約1カ月遅れて1944年9月下旬から始まった。だが、量産に加わった工場がK-4より多いだけでなく、G-6、G-14などの旧式機や損傷機をリサイクルして作られたG-10も少なからずあったため、1945年4月までに完成した機数はK-4を凌ぐ2,400機以上と推定される。

1944年8月1日付けで作成された型式一覧等の文書によると、G-10の量産はエルラ社だけで行われることになっていた。だがその後の状況変化により、実際はメッサーシュミット社レーゲンスブルク工場とWNF社でも量産された。

DB605D

Bf109G-10、K-4に搭載されたDB605Dは1942年後半から開発が始まったが、出力増加に伴う発熱量の増大からエンジン過熱とピストン焼付きの克服に手間取った。更に、1944年春の米英軍による一連の集中空爆で製造設備に大きな被害を受けたため、量産開始が半年近く遅れた。その間の緊急避難的な措置として、それまでは予定になかったG-14が急遽導入されたのである。

605Dのボア、ストロークなどの基本寸法は605A、605ASと変わりなかった。しかし605A、605ASの少しへこんだピストン頭頂部形状を逆に膨らますことで、圧縮比を左8.3／右8.5に引き上げていた。シリンダー内への充填効率を高めるため、吸・排気弁駆動カムの輪郭も変更された。発熱量増大に対応して、シリンダー周囲の冷却液流路やシリンダー・ヘッドなどのオイル流路にも改良が加えられた。過給機は605ASと同じく、603Aから移植された大型過給機を装備していた。605Dの外観は605ASと良く似ており、クランク・ケース上面に記入された型式記号のほかは、オイル帰還路拡大のためシリンダー・ヘッド・カバーの前後端が張り出したことで辛うじて識別できる。

Bf109G、Kが使ったプロペラ

　Bf109G-1～G-6、G-8と大半のG-14が装着した定速プロペラは、ジュラルミン製3枚羽根で直径3mのVDM9-12087Aである。70％半径における羽根幅は275mmで、スピナーを含む総重量は約160kgだった。計器盤に装着されたピッチ角計は、70％半径におけるピッチ角が25度の時にピッチ角計表示が12時となるように設定されていた。VDM定速プロペラには原理的にピッチ角可変範囲の制限がないが、Bf109Gでは下限が22度に設定され、上限については不明だが60度は超えなかったと思われる。
　Bf109G／AS、G-10、K-4と一部のG-14が使ったVDM社の9-12159Aプロペラは、9-12087Aと同じジュラルミン製3枚羽根で直径も変わらないが、70％半径における羽根幅は306mmに広がり、約7kg重くなった。ピッチ角計の基準設定値も9-12087Aと変らなかった。DB605DC搭載のK-4には、9-12159Aと同じ羽根幅だが厚さを30％も薄くし推進効率を向上させたVDM9-17018を装着することが計画されていた。

従来とは形状が異なる
Bf109G/ASのカウリング

　メッサーシュミット社レーゲンスブルク工場で量産されたBf109G-6／AS、G-14／ASのカウリング左側は、外側に張り出した過給機と上に湾曲したエンジン支持架、それに左主脚取付部から延びたエンジン下方支持架も覆うため、その周辺から外側に膨らませMG131のこぶと一体化した新型に換わった。右側もMG131のこぶがなだらかで境界が不明確な形状に変化した。膨らんだカウリング後端の断面形に合わせて、防火壁直後の胴体側面にはフェアリングが追加された。
　エルラ社で改造されたG-5／AS、G-6／ASと少数

が量産されたG-14／ASは、レーゲンスブルク工場製のG-6／AS、G-14／ASと断面形はほぼ同じだがパネル分割がまったく異なるカウリングを装着した。これはG-5用カウリングを流用し、MG131のこぶとその周辺部を切断分離した後に新形状の膨らみをリベット止めした、いわば継ぎはぎ細工のカウリングであり、パネル分割位置が異なる変形が幾つかあった。

K-4とG-10の
2種類のカウリング

　メッサーシュミット社レーゲンスブルク工場製のBf109K-4とG-10は、同社で量産されたG-6／AS、G-14／ASとよく似たカウリングを装着したが、オイル・クーラー前方にこぶを二つ追加し、左側のオイル注入口と右側のガソリンでオイルを希釈するための配管切換用ハッチの位置が異なるだけであった。WNF社製のG-10／U4、G-10／R2などもレーゲンスブルク工場製と同じカウリングを使った。

　これに対し、エルラ社製のG-10、G-10／R6、K-4／R6はレーゲンスブルク工場製やWNF社製とは断面形状が異なり、それらとは互換性がないカウリングを装着した。エルラ社製のカウリング左側はスピナー直後から徐々に外側へ張り出し、第4排気管あたりで張り出しが完了するため、断面変化がずっとなだらかだった。オイル・クーラーの前にはこぶが付かない代わりに下面の傾斜がきつくなり、オイル・クーラー入口は前進しその前方はほぼ平らになっていた。防火壁直後の左側に付くフェアリングは後端が直線で下端が主翼フィレットの内側に潜り込み、後端がゆるやかな曲線を描きフィレットの上で終わっているレーゲンスブルク工場製やWNF社製とは際立った対照を示していた。

　K-4の量産が始まる直前の1944年7月時点では、レーゲンスブルク工場でもエルラ社のG-10と同じカウリングを使う予定だったが、恐らく資材不足から直前になって計画が変更され、G／AS用のプレス金型を流用することになった。エルラ社で改造あるいは製作されたG／ASが装着したカウリングはG-5用を改造したものだが、オイル注入口の位置が異なるG-10では始めから金型流用を考慮する必要がなかった。そこで、元来はK型用に開発されたカウリングをエルラ社は導入したと思われる。しかし、レーゲンスブルク工場製などと共通化しなかった理由は不明である。［初出『スケールアヴィエーション』『モデラーズ・アイ3』から抜粋］

L O + S T

ロスト
ドイツ機敗戦写真集

発 行 日　　2009年8月7日　初版第1刷

著　　者　　野呂秀樹

発 行 人　　小川光二
発 行 所　　株式会社 大日本絵画
　　　　　　〒101-0054 東京都千代田区神田錦町1丁目7番地
　　　　　　Tel. 03-3294-7861（代表）　　Fax. 03-3294-7865
　　　　　　URL. http://www.kaiga.co.jp

編　　集　　株式会社 アートボックス
　　　　　　〒101-0054 東京都千代田区神田錦町1丁目7番地
　　　　　　錦町1丁目ビル4F
　　　　　　Tel. 03-6820-7000（代表）　　Fax. 03-5281-8467
　　　　　　URL. http://www.modelkasten.com

装幀／割付　　井上則人デザイン事務所
Ｄ Ｔ Ｐ　　小野寺徹
協　　力　　スコット・ハーズ
地 図 製 作　　宮永忠将
印刷／製本　　大日本印刷株式会社

©2009 Hideki Noro,　Printed in Japan
ISBN978-4-499-22992-0

本書掲載の写真および記事等の無断転載を禁じます。